果树病虫害诊断与防治图谱

◎王 昊 王 璐 雷晓隆 谢俊华 主编

中国农业科学技术出版社

图书在版编目（CIP）数据

果树病虫害诊断与防治图谱 / 王昊等主编．— 北京：中国农业科学技术出版社，2018.10
ISBN 978-7-5116-3852-6

Ⅰ．①果… Ⅱ．①王… Ⅲ．①果树—病虫害防治—图谱 Ⅳ．① S436.6-64

中国版本图书馆 CIP 数据核字（2018）第 197374 号

责任编辑　徐　毅
责任校对　马广洋

出 版 者　中国农业科学技术出版社
　　　　　北京市中关村南大街 12 号　邮编：100081
电　　话　（010）82106631（编辑室）（010）82109702（发行部）
　　　　　（010）82109702（读者服务部）
传　　真　（010）82106631
网　　址　http://www.castp.cn
经 销 者　全国各地新华书店
印 刷 者　北京建宏印刷有限公司
开　　本　710mm × 1 000mm　1/16
印　　张　11.25
字　　数　230 千字
版　　次　2018 年 10 月第 1 版　2020 年 7 月第 3 次印刷
定　　价　98.00 元

果树病虫害诊断与防治图谱
编委会

主　编： 王　昊　王　璐　雷晓隆　谢俊华

副主编： 黄　玲　徐　英　李吉民　彭　涛　陈林昇　夏　莉　陈健敏　黄玉文

编　委： 王春虎　刘清瑞　陈　涛　郭守兵　雷晓环　谢　丹　靳学民　王星奎　陈焰红　温兴趣　田春英　李振举　梁建荣　郑晓川

PREFACE 前言

习近平总书记在党的“十九大”报告中要求，确保国家粮食安全，把中国人的饭碗牢牢端在自己的手中。要实现农产品特别是与人民群众生活质量密切相关的果品多样化、数量充足、价格稳定、优质高效益的目标，确保果品市场繁荣、社会稳定、人民生活富裕。首先要保证生产环节的健康持续发展，就必须遵循农业生产规律，按照先进的、科学的栽培模式和实用的、有效的技术措施进行病虫害科学防治，为果树生长发育和优质果品生产提供技术支撑、奠定坚实基础、创造有利条件，保护农业生态环境，实现当地自然资源的充分利用。同时，要不断提高种植者经济效益，为保障和满足市场经济发展需求，为提高和改善人民群众的生活水平奠定基础。随着农业耕作制度改革、作物布局与结构的调整变化，农药、化肥的大量使用，导致许多次要病虫草害严重发生，严重影响果树的正常生长。

作者根据近年黄淮流域果品生产及结构调整状况，结合自己长期从事农业推广、科研、培训工作实践与体会以及目前农村专业合作社、家庭农场、果品专业生产大户、广大果农及基层农技人员对果树病虫草害防治实用技术的渴望与需求，很需要一本图文直观、实用性强的病虫草害防治参考书。为此，我们在多年生产实践和最新科研成果的基础上，广泛吸收了国内外先进经验，又查阅了大量的相关文献资料佐证完善本书内容，组织编写了这本图文并茂、清晰直观、新颖实用、通俗易懂的《果树病虫害防治图谱》一书，从主要病虫的为害症状诊断识别、防治技术等方面做了较为详细的介绍。全书结构严谨，具备科学性强、技术先进成熟、利用价值高等特点，对指导果业生产实际，推动果品产业持续快速、规模化高效优质的快速发展，具有较好的参考作用和现实意义。

由于作者水平有限，加之时间仓促，书中不妥之处在所难免，敬请广大读者批评校正，进一步完善补充，凝练提升，发展创新。

编 者

2018年3月

CONTENTS 目录

第一章 桃树病虫害

第一节 桃树病害

一、桃穿孔病

1. 为害症状诊断识别

遍布全国各桃产区，该病由细菌引起，主要为害叶片、果实和新梢。在叶片上出现水渍状小点，逐渐扩大成紫褐色至黑褐色病斑，周围呈水渍状黄绿晕环，随后病斑干枯脱落形成穿孔。果面出现暗紫色圆形中央微凹陷病斑，空气湿度大时病斑上有黄白色黏质，干燥时病斑发生裂纹。枝梢上逐渐出现以皮孔为中心的褐色至紫褐色圆形稍凹陷病斑（图 1–1、图 1–2）。

图 1–1　病叶

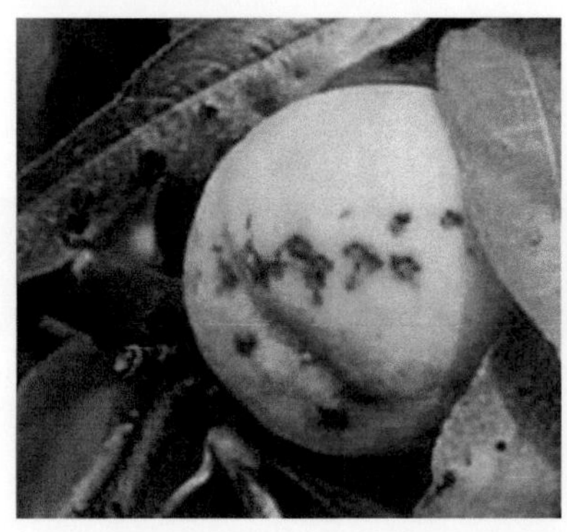

图 1–2　病果

2. 防治措施

（1）农业防治。选栽抗病桃树品种，开春后要注意开沟排水，达到雨停水干，降低空气湿度。增施有机肥和磷钾肥，避免偏施氮肥。改善树体内膛通风透光条件，促使树体生长健壮，提高抗病能力。在 10—11 月桃休眠期，病原在被害枝条上越冬，应结合冬季清园修剪，彻底剪除枯枝、病梢，及时清扫落叶、落果等，集中烧毁或深埋，消灭越冬菌源。

（2）药剂防治。发芽前喷波美 50 度石硫合剂，或用 1∶1∶100 倍式波尔多液消灭越冬菌源。发芽后喷 65% 代森锌 600 倍液，或用 72% 农用硫酸链霉素 4 000 倍液，或用硫酸锌石灰液（硫酸锌 0.5kg、消石灰 2kg、水 120kg），或用 50% 氯溴异氰尿酸 800 倍液，或用 20% 的噻枯唑可湿性粉剂 800 倍液。

二、桃疮痂病

1. 为害症状诊断识别

桃疮痂病又称黑星病，病源菌是嗜果枝孢菌，属真菌性病害。主要为害果实，也侵害新梢和叶片。病菌侵入果实的时间在 5 月中下旬至成熟前 1 个月，多在果肩处发病。果实上的病斑初为绿色水渍状，随后出现褐色小圆斑，以后逐渐扩大为 2~3mm 黑色点状，病斑多时汇集成片，扩大后变为黑绿色，近圆形。果实成熟时，病斑变为紫色或暗褐色，病斑只限于果皮，不深入果肉，后期病斑木栓化，并龟裂。枝梢受害后，病斑呈长圆形浅褐色，以后变为灰褐色至褐色，周围暗褐色至紫褐色，有隆起，常发生流胶（图 1–3 至图 1–5）。

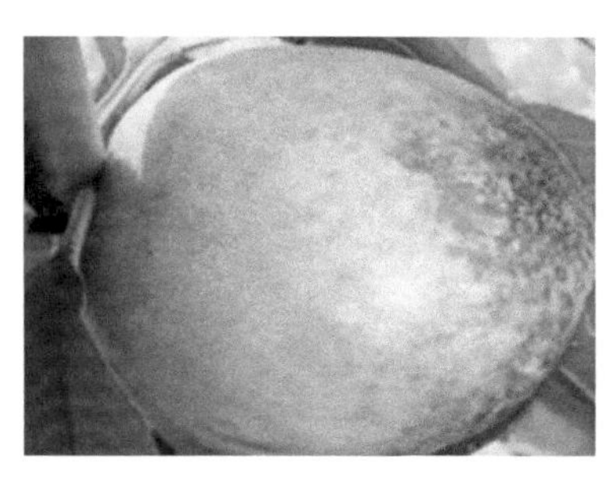
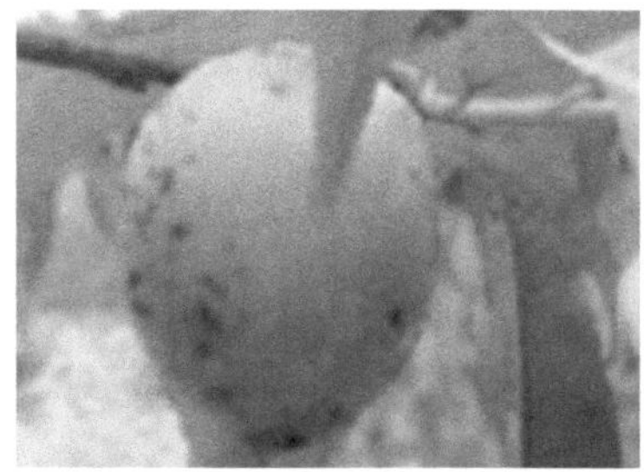

图 1-3　病斑初期症状

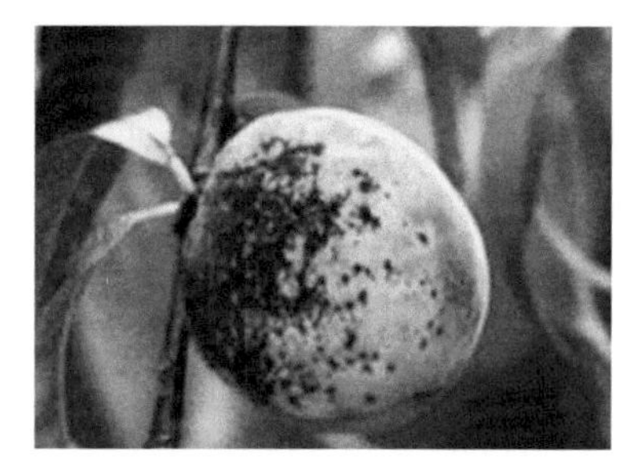
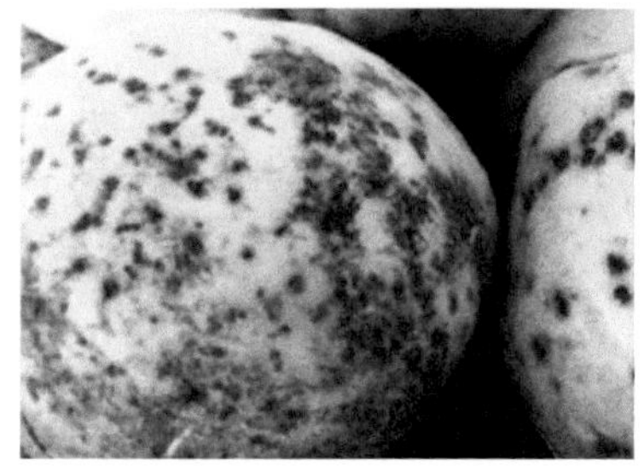

图 1-4　成熟期病斑症状

图 1-5　枝梢受害症状

2. 防治措施

（1）农业防治。选栽抗病性强或早熟品种；加强栽培管理，增施有机肥，控制速效氮肥施用量，适量补充微量元素肥料，以提高树体抗病力；注意雨后及时排涝。秋末冬初结合修剪，使桃园通风透光，彻底清除园内树上的病枝、枯死枝、僵果、地面落果，集中烧毁或深埋处理，以减少初侵染源；及时喷药防治害虫，减少虫伤，降低病菌侵入的机会；落花后 3~4 周进行套袋防病防虫。

（2）药剂防治。开花前全园喷施波美 5 度石硫合剂加 0.3% 五氯酚钠，或用 45% 晶体石硫合剂 30 倍液，可有效消灭越冬菌源；落花后半个月喷 1 次 12% 绿乳铜 600 倍液，或用 70% 代森锰锌可湿性粉剂 500 倍液，或用 80% 炭疽福美可湿性粉剂 800 倍液，或用 50% 混杀硫悬浮剂 500 倍液，或用 70% 甲基硫菌灵超微可湿性粉剂 1 000 倍液，间隔 10~15 天防治 1 次，连续防治 2~3 次；套袋前喷施 1 次杀菌剂如 70% 甲基硫菌灵超微可湿性粉剂 1 000~1 500 倍液效果更理想。

三、桃炭疽病

1. 为害症状诊断识别

桃炭疽病主要为害果实，也可侵染幼梢及叶片。幼果染病发育停止，果面暗褐色，萎缩硬化成僵果残留于枝上。果实膨大后，染病果面初呈淡褐色水渍状病斑，后扩大变红褐色，病斑凹陷有明显同心轮纹状皱纹，湿度大时产生粉红色黏质的孢子团，最后病果软腐脱落或形成僵果残留于枝上。新梢染病，呈长椭圆形褐色凹陷病斑，病梢侧向弯曲，严重时枯死。叶片染病产生淡褐色圆形或不规则形灰褐色病斑，其上产生粉红色至黑色粒点。后病斑干枯脱落穿孔，新梢顶部叶片萎缩下垂，叶片向上纵卷成管状，这是本病特征之一（图 1-6 至图 1-11）。

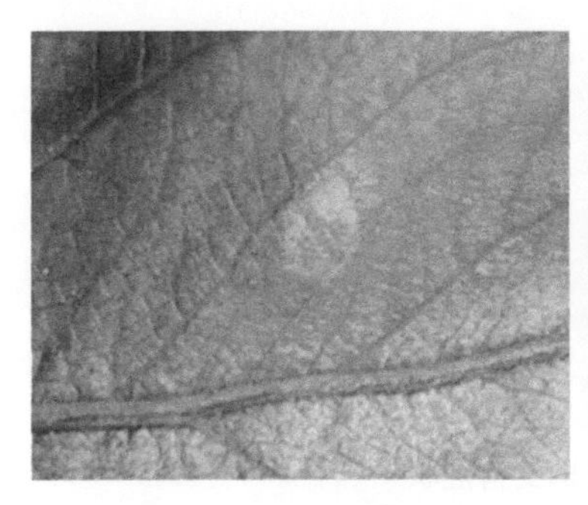

图 1-6　叶片上初期病斑

图 1-7　叶片上后期病斑

图 1-8　梢顶部叶片向上纵卷成管状

图 1-9　残留于枝上的僵果

2. 防治措施

（1）农业防治。认真细致修剪，彻底清除树上病梢、枯枝、僵果及衰老细弱

图 1–10　果面初呈淡褐色水渍状病斑

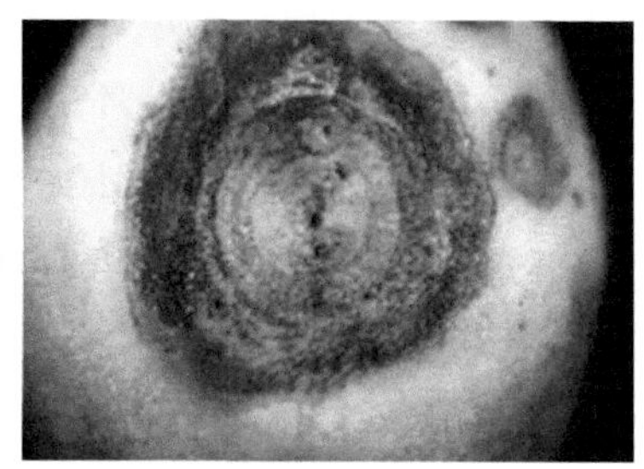

图 1–11　果面凹陷有明显同心轮纹状皱纹病斑

枝，结合施基肥，彻底清扫落叶和地面病残体深埋于施肥坑内；在早春萌芽到开花前后及时剪除初发病的枝梢及有卷叶症状的病枝；做好开沟排水工作，防止雨后积水，适当增施磷、钾肥；注意防治害虫，果实套袋时间要适当提早，以 5 月上旬前套完为宜。

（2）药剂防治。萌芽前全园喷施波美 5 度石硫合剂加 80% 五氯酚钠 200~300 倍液，或用 1∶1∶100 倍式波尔多液 1~2 次（展叶后禁喷），消灭病源。发芽后、谢花后是喷药防治的关键时期。可用 80% 代森锰锌可湿性粉剂 600~800 倍液，或用 65% 代森锌可湿性粉剂 500 倍液，或用 75% 百菌清可湿性粉剂 800 倍液，或用 72% 福美锌可湿性粉剂 400~600 倍液，或用 50% 福美双水分散粒剂 900~1 200 倍液、80% 福美锌·福美双可湿性粉剂 800 倍液等，间隔 7~10 天 1 次。发病前期及时施药，可用 80% 代森锰锌可湿陛粉剂 600~800 倍液＋ 50% 多菌灵可湿粉 800 倍液，或用 25% 溴菌腈乳油 300~500 倍液，或用 55% 氟硅唑·多菌灵可湿性粉剂 800~1 250 倍液，或用 60% 吡唑醚菌酯·代森联水分散粒剂 1 000~2 000 倍液，或用 70% 甲基硫菌灵可湿性粉剂 800~1 000 倍液均匀喷施。

四、桃褐腐病

1. 为害症状诊断识别

桃褐腐病是南北方都有分布的重要病害之一，以果实受害最重，花、叶、新梢亦可受害。花部受害自雄蕊及花瓣尖端开始，先发生褐色水渍状斑点，后逐渐延至全花，随即变褐而枯萎。天气潮湿时，病花迅速腐烂，表面丛生灰霉，天气干燥时则萎垂干枯，残留枝上，长久不脱落；嫩叶受害，自叶缘开始，病部变褐萎垂，最后病叶残留枝上；侵害花与叶片的病菌菌丝、可通过花梗与叶柄逐步蔓延到果梗和新梢上，形成溃疡斑。病斑长圆形，中央稍凹陷，灰褐色，边缘紫褐色，常发生流胶。当溃疡斑扩展环割一周时，上部枝条即枯死。气候潮湿时，溃疡斑上出现灰色霉丛；果实被害最初在果面产生褐色圆形病斑，发病条件适宜时，病斑在数日内便可扩及全果，果肉也随之变褐软腐，继后在病斑表面生出灰褐色绒状霉丛，常成同心轮纹状排列，病果腐烂后易脱落，但不少失水后变成僵果，悬挂枝上经久不落（图 1-12 至图 1-17）。

图 1-12　花变褐枯萎症状

图 1-13　叶片变褐萎垂症状

图 1-14　病果初期症状

图 1-15　病果后期症状

图 1-16　僵果症状

图 1-17　变褐软腐症状

2. 防治措施

（1）农业防治。选栽抗病桃树品种。消灭越冬菌源，结合修剪做好清园工作，彻底清除僵果、病枝，集中烧毁，同时，进行深翻，将地面病残体深埋地下。及时防治害虫，如桃象虫、桃食心虫、桃蛀螟、桃椿象等，应及时喷药防治。有条件套袋的果园，可在5月上中旬进行套袋。

（2）药剂防治。桃树发芽前喷布5波美度石硫合剂或45%晶体石硫合剂30倍液。落花后10天左右喷射65%代森锌可湿性粉剂500倍液，50%多菌灵1 000倍液，70%甲基硫菌灵800~1 000倍液。花褐腐病发生多的地区，在初花期（花开约20%时）需要加喷1次，这次喷用药剂以代森锌或甲基硫菌灵为宜。也可在花前、花后各喷1次50%速克灵可湿性粉剂2 000倍液或50%苯菌灵可湿性粉剂1 500倍液。不套袋的果实，在第二次喷药后，间隔10~15天再喷1~2次，直至果实成熟前1个月左右再喷1次药，可选用50%异菌脲可湿性粉剂1 000~2 000倍液。

五、桃树流胶病

1. 为害症状诊断识别

桃树流胶病是枝干重要病害，易造成树体衰弱，减产严重或死树，有非侵染性和真菌侵染性2种。

非侵染性流胶病：春夏季在当年新梢上以皮孔为中心，发生大小不等的某些突起的病斑，以后流出无色半透明的软树胶；在其他枝干的伤口处或1~2年生的芽痕附近，也会流出半透明的树胶，以后树胶变成茶褐色的结晶体，吸水后膨胀，呈胨状胶体，严重时树皮开裂，枝干枯死，树体衰弱。其发病原因是冻害、病虫害、雹灾、冬剪过重，机械伤口多且大、结果过多，树势衰弱等都会引起生理性流胶病。

真菌侵染性流胶病：主要发生在枝干上，也可为害果实，是由真菌侵染引起。一年生枝染病，初时以皮孔为中心产生疣状小突起，后扩大成瘤状突起物，上散生针头状黑色小粒点，翌年5月病斑扩大开裂，溢出半透明状黏性软胶，后变茶褐色，质地变硬，吸水膨胀成胨状胶体，严重时枝条枯死。多年生枝染病受害产生水泡状隆起，并有树胶流出，受害处变褐坏死，严重者枝干枯死，树势明显衰弱。果实染病，初呈褐色腐烂状，后逐渐密生粒点状物，湿度大时粒点口溢出白色胶状物（图1-18、图1-19）。

图 1-18　主枝流胶症状

图 1-19　树干流胶症状

2. 防治措施

（1）农业防治。加强土壤改良，增施有机肥料，注意果园排水，做好病虫害防治工作，防止病虫伤口和机械伤口，保护好枝干。加强肥水管理，增施有机肥每亩地 40~80kg，也可以使用 0.04% 芸苔素水剂 10 000~20 000 倍液增强树势，提高抗病性能。科学修剪，注意生长季节及时疏枝回缩，冬季修剪少疏枝，减少枝干伤口，修剪的伤口上要及时涂抹愈伤防腐膜剂，保护伤口不受外界细菌的侵染，有效防治伤口腐烂流胶。注意疏花疏果，减少负载量。

（2）药剂防治。①预防：早春适时喷洒护树将军 1 000 倍液杀菌消毒；花露红前用石硫合剂涂抹树枝清园处理，在生长季节 4—5 月及时用药，每 10~15 天喷洒 1 次 70% 甲基硫菌灵可湿性粉剂 1 000 倍液，或用 72% 霜脲锰锌可湿性粉剂 800 倍液，或用 43% 戊唑醇悬浮剂 5 000 倍液，配合 2% 春雷霉素水剂 800 倍液喷雾。②治疗：对树体上的流胶部位，先行刮除，再涂抹 5 波美度石硫合剂或涂抹生石灰粉，隔 1~2 天后再刷 70% 甲基硫菌灵，或用 50% 多菌灵 20~30 倍液，2% 春雷霉素水剂配合链霉素 300 倍液。然后用 2% 春雷霉素水剂 500 倍液 +40% 链霉素可湿粉 10 000 倍液田间均匀喷雾，可很好地治愈桃树流胶。

六、桃树细菌性根癌病

1. 为害症状诊断识别

桃树细菌性根癌病的病瘤发生于树根、根茎、树干、嫁接处等部位较为常见，以根茎部大根最为典型，有时也散布在整个根系上，受害处产生大小不等、形状不同的肿瘤。初生癌瘤为灰色或略带肉色，质软、光滑，以后逐渐变硬呈木质化，表面不规则，粗糙，尔后龟裂。瘤的内部组织紊乱，起初呈白色，质地坚硬，有时呈瘤朽状。根癌病对桃树的为害主要是削弱树势，产量减少，早衰，严重时引起果树死亡（图 1–20）。

图 1–20　桃树细菌性根癌病症状

2. 防治措施

（1）农业防治。栽种桃树或育苗忌重茬，不要在原林（杨树、洋槐、泡桐等）果（葡萄、柿、杏等）园地种植，选择无病土壤作苗圃，已发生根癌病的土壤或果园不能作育苗地；碱性土壤的园地应适当施用酸性肥料；采用芽接的嫁接方法，避免伤口接触土壤诱发病害；发现病瘤应及时切除或刮除，并将刮切下的病皮带出果园烧毁，以防病原的扩散；更换周围土壤，增施有机肥，增强树势。

（2）药剂防治。桃的实生砧木种用5%次氯酸钠处理5分钟后，再进行层积处理，同时，层积处理要用无菌新沙子。苗木定植前应对根部进行仔细检查，剔除有病瘤苗木，然后用0.3%~0.4%硫酸铜浸泡苗木根系1小时，或用1%硫酸铜浸根5分钟，然后冲干净，或用波美3~5度石硫合剂进行全株喷药消毒，或用K84抗癌菌剂5~10倍混合液蘸根系，防治效果可达90%以上；在栽植前，每平方米可施硫黄粉50~100g，或用5%福尔马林60g，或用漂白粉100~150g；及时防治地虫，可以减轻发病。对重病株刨出主干附近根系，刮除根瘤后的伤口可用100倍液的硫酸铜溶液，或用农用链霉素2 000~2 500mg/L，或用波美5度石硫合剂，或用5%福美胂50倍液涂抹消毒，消毒后用1∶2∶100倍式波尔多液保护或抗癌菌剂K84的5倍液混合液涂抹伤口，然后用100倍液硫酸铜溶液浇灌土壤。

第二节　桃树虫害

一、桃蚜

1. 为害症状诊断识别

桃蚜又名桃赤蚜、烟蚜、腻虫、油汗等，是桃树的主要害虫，对油桃为害尤其严重。桃蚜生活周期短、繁殖量大、除刺吸植物体内汁液，还可分泌蜜露，引起煤污病，影响植物正常生长。春季桃树发芽长叶时，桃蚜群集在树梢、嫩芽和幼叶背面刺吸营养，使被害部位出现黑色、红色和黄色小斑点。使叶片逐渐变白，向背面扭曲，卷成螺旋状，引起落叶，新梢不能生长，影响产量及花芽形成，削弱树势。蚜虫为害刚刚开放的花朵，刺吸子房营养，影响坐果，降低产量，受害果实凹凸不平，影响果实生长和果品外观品质。蚜虫排泄的蜜露，污染叶面及枝梢，使桃树生理作用受阻，常造成煤污病，加速早期落叶，影响生长，影响果实品质和商品价值。更重要的是传播多种植物病毒（图1–21至图1–31）。

图 1-21　桃蚜的越冬卵

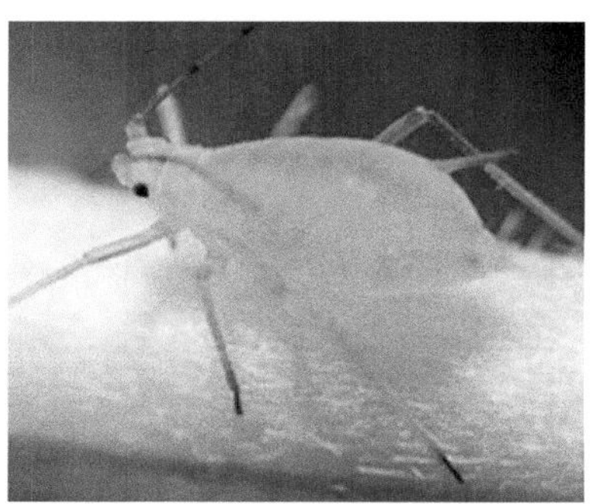

图 1-22　无翅桃蚜

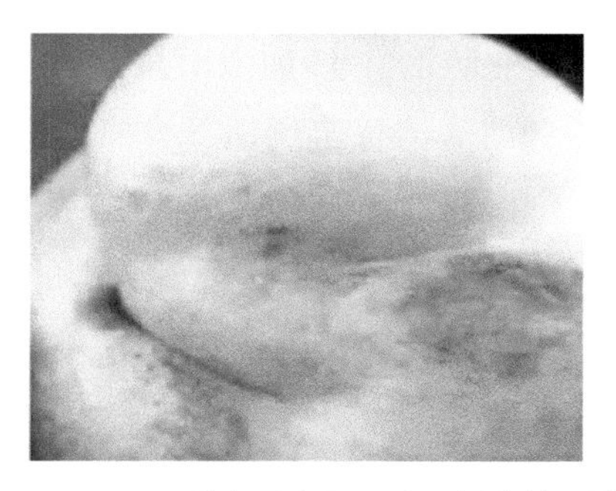

图 1-23　桃蚜为害状（初期）

图 1-24　桃蚜为害状（后期）

图 1-25　受害果实呈凹凸不平症状，影响品质

图 1-26　草蛉幼虫

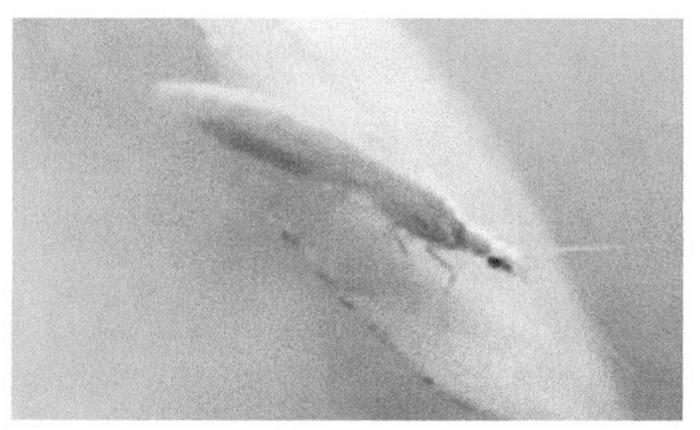

图 1-27　草蛉成虫

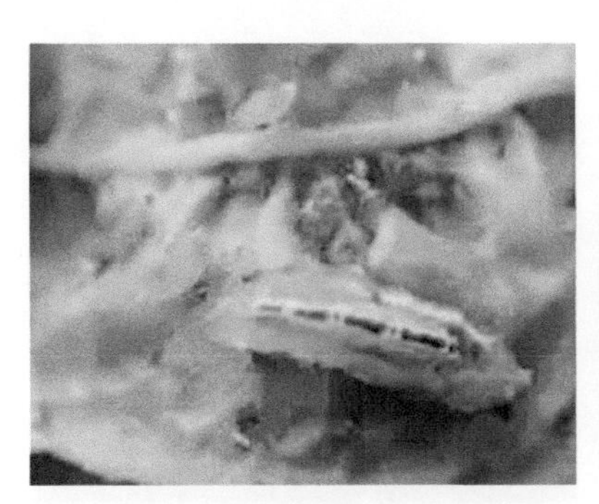

图 1-28　食蚜蝇幼虫在捕食蚜虫

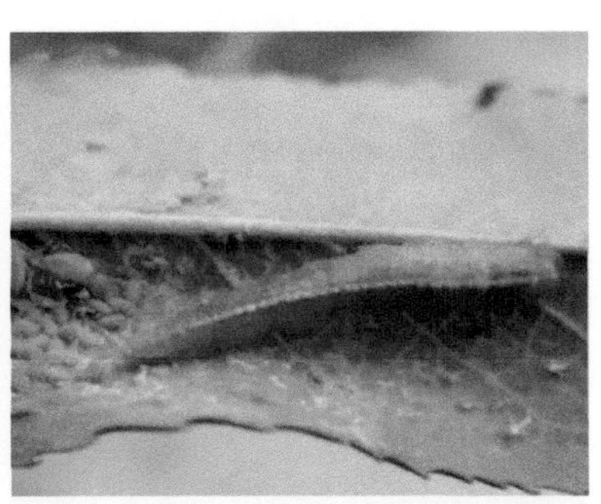

图 1-29　食蚜蝇幼虫

图 1-30　瓢虫幼虫

图 1-31　刚羽化的瓢虫成虫

2. 防治措施

（1）农业防治。① 加强田间管理：破坏蚜虫的繁衍和生活环境；清除虫源植物，播种前清洁育苗场地，拔掉杂草和各种残株，集中烧毁或深埋；加强田间管理，创湿润而不利于蚜虫滋生的田间小气候。② 黄色板诱杀：在桃园周围设置黄色板。即把涂满橙黄色 $66cm^2$ 的塑料薄膜，从长 66 cm、宽 33 cm 的长方形框的上方使涂黄面朝内包住夹紧。插在桃园周围，高出地面 50cm，隔 3~5m，再在没涂色的外面涂以机油或凡士林。这样可以大量诱杀有翅蚜。③ 生物防治：桃园蚜虫天敌种类较多，常见且数量较大，控制能力较强的主要有草蛉、食蚜蝇、瓢虫和蚜茧蜂等，这些天敌多为全变态昆虫，果农要能够识别，并注意保护。因此，在使用化学药剂时，应注意选择对天敌安全的药剂，以保护草蛉、食蚜蝇、瓢虫等蚜虫天敌。

（2）药剂防治。① 预防：桃树发芽前（3 月上旬），认真细致喷打 1 次波美 3~5 度石硫合剂。② 药剂防治：注意掌握防治时期和关键节点。一般 3 次用药即可控制桃蚜为害。第一次用药在花芽膨大露红时，第二次用药可于谢花后，随后根据蚜虫发生程度，间隔 20~25 天，于卷叶前再用药 1~2 次。药剂可选用

50% 氟啶虫胺腈水分散粒剂 10 000 倍液、或用 75% 螺虫 · 吡蚜酮水分散粒剂 4 000 倍液、或用 50% 马拉硫磷乳油 1 500 倍液、或用 50% 二嗪磷乳油 1 000 倍液、或 2.5% 溴氰菊酯乳油 3 000 倍液、或用 10% 二氰苯醚酯乳油 5 000 倍液、或用 10% 氯氰菊酯乳油或 4 000 倍液等。

二、桃粉蚜

1. 为害症状诊断识别

桃粉蚜在桃、李、杏、樱桃等果树上均有发生，以成虫、若虫群集在嫩梢和叶片背面刺吸汁液为害，受害嫩叶失绿、卷曲、皱缩，新梢不能生长，叶片背面布满白色蜡粉，严重时白粉散落在果实表面。同时，蚜虫排泄物易引起霉污病为害（图 1–32）。

图 1–32　桃粉蚜被害状

2. 防治措施

（1）农业防治。① 越冬期及早清洁园田，将枯枝、落叶、杂草清除干净，减少传播源。② 园内尽量避免或杜绝种植蚜虫寄生性作物。③ 保护和利用蚜虫天敌抑制该虫为害。

（2）药剂防治。在消灭越冬虫源和黄板诱蚜的基础上，生长期以喷药防治为主。开花前喷药 1 次、落花后喷药 1 次，以后再喷药 2 次左右。有效药剂选用 70%

吡虫啉水分散粒剂 8 000~10 000 倍液，或 35% 吡虫啉悬浮剂 4 000~6 000 倍液，或用 48%毒死蜱乳油 1 500~2 000 倍液，或用 99%液状石蜡 300~400 倍液，或 24%灭多威水剂 800~1 000 倍液，或用 4.5%高效氯氰菊酯乳油 1 500~2 000 倍液等。

三、桃瘤蚜

1. 为害症状诊断识别

桃瘤蚜以成虫、若虫群集在幼嫩叶片背面刺吸汁液为害，受害叶片从叶缘向背面纵卷，叶片扭曲畸形，蚜虫在卷叶内为害、繁殖。卷叶肥厚、凹凸不平，呈淡绿色或紫红色。严重时卷曲成绳状，甚至干枯、脱落（图 1–33 至图 1–35）。

图 1–33　桃瘤蚜症状

图 1–34　蚜虫在黄色虫囊内

图 1–35　被害状

2. 防治措施

（1）农业防治。在消灭越冬虫源、黄板诱蚜的基础上，及时消灭果园内杂草，杜绝种植感蚜作物或树种如花椒树、洋槐树等。

（2）药剂防治：开花前喷药 1 次、落花后喷药 1 次，以后再喷药 1~2 次。有效药剂，如 70%吡虫啉水分散粒剂 8 000~10 000 倍液，或用 35% 吡虫啉悬浮剂 4 000~6 000 倍液，或用 20%啶虫脒可溶性粉剂 6 000~8 000 倍液，或用 48%毒死蜱乳油 1 500~2 000 倍液，或用 99%液状石蜡 300~400 倍液，或用 24%灭多威水剂 800~1 000 倍液，或用 4.5%高效氯氰菊酯乳油 1 500~2 000 倍液等。

四、桃蛀螟

1. 为害症状诊断识别

桃蛀螟为鳞翅目昆虫，螟蛾科，分布全国桃树种植区。桃蛀螟为杂食性害虫，主要寄主为果树和向日葵等，寄主植物多，发生世代复杂，以幼虫蛀食为害桃果。成虫对黑光灯有强烈趋性，对花蜜及糖醋液也有趋性（图 1–36 至图 1–38）。

图 1–36 成虫

图 1–37 幼虫

图 1–38 被害状

2. 防治措施

（1）农业防治。清除越冬幼虫，在每年 4 月中旬，越冬幼虫化蛹前，清除玉米、向日葵等寄主植物的残体，并刮除苹果、梨、桃等果树翘皮、集中烧毁，减少虫源。及时拾落果和摘除虫果，消灭果内幼虫。果实套袋，在套袋前结合防治其他病虫害喷药 1 次，消灭早期桃蛀螟所产的卵。

（2）诱杀成虫。在桃园安装黑光灯或用糖、醋液诱杀成虫，可结合诱杀梨小食心虫进行。

（3）药剂防治。在幼虫盛发期喷洒苏云金杆菌75~150倍液或青虫菌液100~200倍液。在第一、第二代卵高峰期树上喷布5%高效氯氰菊酯2 000倍液，或用20%氯虫苯甲酰胺乳油3 000~4 000倍液，或用25%灭幼脲悬浮剂1 500倍液，或用48%毒死蜱乳油1 200~1 500倍液，或用1.8%阿维菌素乳油2 500~3 000倍液，或用5%高效氯氟氰菊酯乳油3 000~4 000倍液，或用4.5%高效氯氰菊酯乳油1 500~2 000倍液等。每个产卵高峰期喷2次，间隔期7~10天。

五、桃潜叶蛾

1. 为害症状诊断识别

桃潜叶蛾又称桃线潜叶蛾、桃叶线潜叶蛾、桃叶潜蛾，属鳞翅目，潜叶蛾科，为害桃、杏、李、樱桃、苹果、梨等。在管理粗放的果园，已为害成灾，造成早落叶，影响树势和产量。成虫羽化，夜间活动产卵于叶下表皮内、幼虫孵化后，在叶组织内潜食为害，串成弯曲隧道，并将粪粒充塞其中，叶的表皮不破裂，可由叶面透视，叶受害后枯死脱落，幼虫老熟后在叶内吐丝结白色薄茧化蛹越冬（图1-39至图1-41）。

图1-39　成虫

图1-40　幼虫

图1-41　被害状

2. 防治措施

（1）农业防治。冬季结合清园，清除果园落叶杂草，集中深埋或烧毁。

（2）药剂防治。蛹期和成虫羽化期是药剂防治关键期，喷洒 50% 杀螟松乳剂 1 000 倍液，或用 25% 灭幼脲三号悬乳剂 1 500 倍液，或用 20% 杀灭菊酯 2 000 倍液，或用 20% 灭扫利 3 000 倍液均有特效，注意交替使用，延缓桃潜叶蛾抗药性的产生。

六、桃小食心虫

1. 为害症状诊断识别

桃食心虫简称桃小，以幼虫蛀食桃、梨、苹果、枣、山楂等多种果树的果实。被害果实表面有虫蛀孔，果实畸形，果内充满虫粪，俗称猴头果和豆沙馅。受害果提早变红、早落，严重影响产量和品质（图 1-42 至图 1-44）。

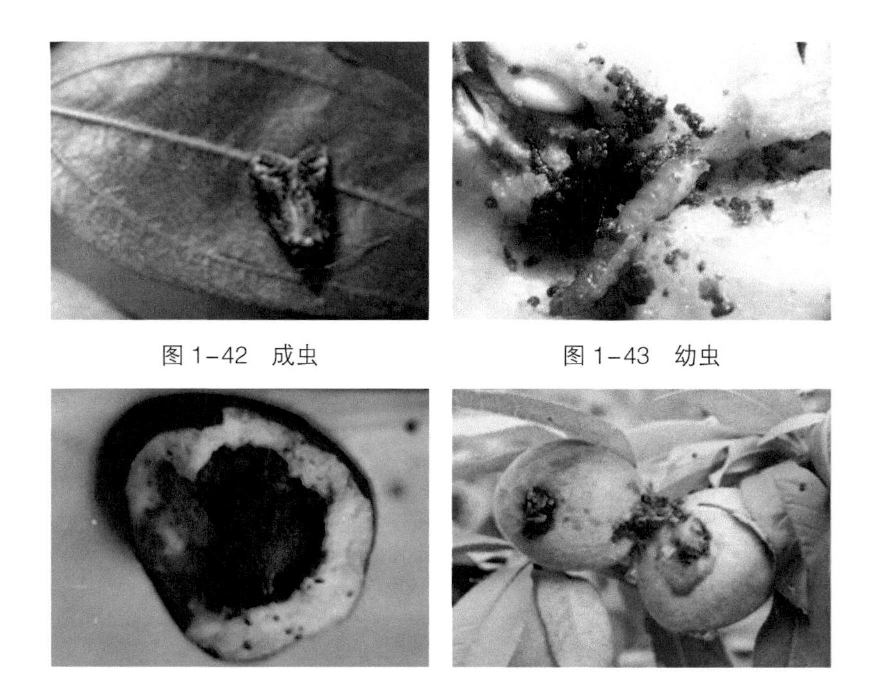

图 1-42 成虫

图 1-43 幼虫

图 1-44 被害状

2. 防治措施

（1）农业防治。① 减少越冬虫源基数。在越冬幼虫出土前，将距树干 1m 的范围、深 14cm 的土壤挖出，更换无虫茧的新土；或在越冬幼虫连续出土后，在树干 1m 内压 3.3~6.6cm 新土，并拍实可压死夏茧中的幼虫和蛹；或用直径

2.5mm 的筛子筛除距树干 1m，深 14cm 范围内土壤中的冬茧。② 在幼虫出土和脱果前，清除树盘内的杂草及其他覆盖物，整平地面，堆放石块诱集幼虫，然后随时捕捉；在第一代幼虫脱果前，及时摘除虫果，并带出果园集中处理。③ 在越冬幼虫出土前，用宽幅地膜覆盖在树盘地面上，防止越冬代成虫飞出产卵，如与地面药剂防治相结合，效果更好。④ 利用天敌抑制，桃小食心虫的寄生蜂有好几种，尤以桃小甲腹茧蜂和中国齿腿姬蜂的寄生率较高。桃小甲腹茧蜂产卵在桃小卵内，以幼虫寄生在桃小幼虫体内，在幼虫出土做茧后被食尽。因此，可在越代成虫发生盛期，释放桃小寄生蜂。在幼虫初孵期，喷施细菌性农药（BT 乳剂），也可用桃小性诱剂进行诱杀。

（2）药剂防治：① 地面撒毒土防治，用 15% 毒死蜱颗粒剂 2kg 或 50% 辛硫磷乳油 500g 与细土 15~25kg 充分混合，均匀地撒在 667m^2 的树干下地面，用手耙将药土与土壤混合、整平。毒死蜱使用 1 次即可；辛硫磷应连施 2~3 次。② 地面喷药，用 48% 毒死蜱乳油 300~500 倍液，在越冬幼虫出土前喷湿地面，耙松地表即可。③ 树上防治。防治适期为幼虫初孵期，喷施 48%毒死蜱乳油 1 200~1 500 倍液、1.8%阿维菌素乳油 25 00~3 000 倍液、5%高效氯氟氰菊酯乳油 3 000~4 000 倍液、4.5%高效氯氰菊酯乳油 1 500~2 000 倍液等。1 周后再喷 1 次，防治效果良好。

七、山楂红蜘蛛

1. 为害症状诊断识别

山楂红蜘蛛为害桃树、山桃、山楂、梨、杏、苹果等，以成、若螨刺吸嫩芽、叶片、果实的汁液，叶受害初呈现很多失绿小斑点，渐扩大连片。严重时全叶苍白枯焦早落，常造成二次发芽开花，削弱树势，不仅当年果实不能成熟，还影响花芽形成和翌年的产量（图 1–45、图 1–46）。

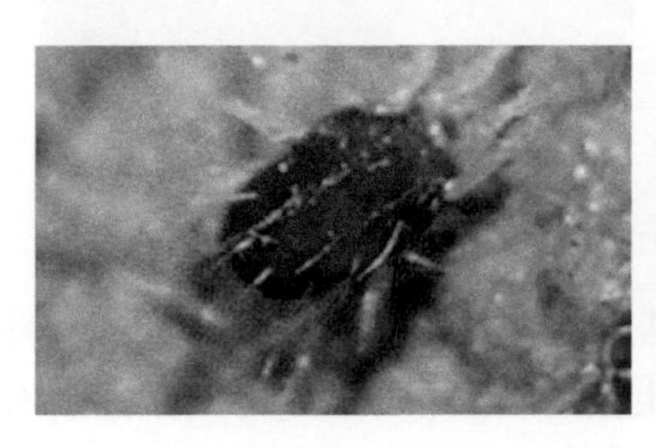
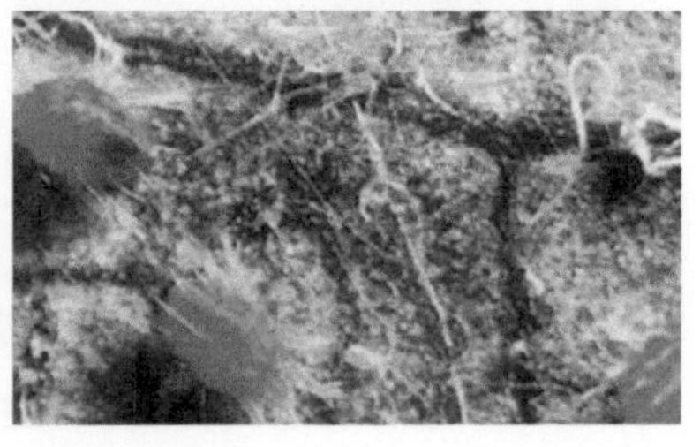

图 1–45　山楂红蜘蛛形态特征

图 1-46　被害状

2. 防治措施

（1）农业防治。① 越冬前树干绑草或使用集虫板诱集越冬雌成螨，来年 2 月把绑草或集虫板解下烧掉。在越冬雌成螨出蛰前，树干上涂黏油环进行黏杀。黏油环的配比是：10 份软沥青加 3 份废机油用火熔化，冷却后涂在主干上方，涂成 6~7cm 的环，然后用厚纸制成伞状遮盖。② 结合防治其他病虫，越冬后及早清洁果园并刮除主干和主枝上的粗皮，集中处理，消灭越冬雌成螨。③ 保护和利用天敌，一是营造有利于天敌栖息的环境，促进天敌的种群数量增大，利用天敌控制虫害发生量；二是在药剂防治时，要尽量选择对天敌杀伤力较小的选择性杀螨剂，以发挥天敌的自然控制作用。

（2）药剂防治。抓住 3 个关键时期。即发芽前、落花后和麦收前后。发芽前喷 1 次波美 5 度的石硫合剂，在越冬雌虫开始出蛰，而花芽幼叶又未开裂前效果最好。落花后和麦收前后用 1% 灭虫灵乳油 3 000~4 000 倍液，或用 15% 哒嗪酮乳油 3 000~4 000 倍液，每周喷 1 次，连续喷 2~3 次。螨害严重时，可喷 15% 哒螨灵 1 000 倍液，20% 灭扫利 2 000~3 000 倍液，20% 速螨酮 2 000~3 000 倍液，1.8% 阿维菌素 3 000~4 000 倍液。

八、桃小绿叶蝉

1. 为害症状诊断识别

桃小绿叶蝉以成虫、若虫群集在叶片背面刺吸汁液为害，叶片正面产生许多黄白色小斑点，虫量大时呈苍白色。同时，其排泄物常引起霉污病发生。严重时，导致叶片脱落、树势衰弱。除为害桃树外，还常为害杏、李、樱桃等果树（图 1-47 至图 1-49）。

图 1-47 若虫

图 1-48 成虫

图 1-49 被害状

2. 防治措施

（1）农业防治。冬季清除落叶、杂草，及时刮除翘皮。

（2）药剂防治。抓好 3 个关键时期喷药防治，谢花后新梢展叶期，5 月下旬第一代若虫孵化盛期，7 月下旬至 8 月上旬第二代若虫孵化期。可选用 25%噻嗪酮可湿性粉剂 1 200~1 500 倍液、70%吡虫啉水分散粒剂 10 000~12 000 倍液、35% 吡虫啉悬浮剂 4 000~6 000 倍液、5%啶虫脒乳油 2 000~2 500 倍液、5%高效氯氟氰菊酯乳油 3 000~4 000 倍液等。重点喷洒叶片背面，下午至傍晚喷药效果较好。

九、桃剑纹夜蛾

1. 为害症状诊断识别

桃剑纹夜蛾全国桃树产区均有分布，以幼虫食害叶片和果实。低龄幼虫群集叶片背啃食表皮和叶肉，受害叶呈筛网状；虫龄大后分散为害，将叶片食成缺刻、甚至吃光叶肉。为害果实，将果面啃成坑洼状。除为害桃外，还可为害李、杏、苹果、梨等（图 1-50 至图 1-52）。

图 1–50　成虫

图 1–51　幼虫

图 1–52　被害状

2. 防治措施

（1）农业防治。① 秋后深翻树盘和刮粗糙翘皮消灭越冬蛹有一定效果。② 利用成虫趋光性，在成虫发生期用黑灯光诱杀。

（2）药剂防治。在每代幼虫盛发期喷药防治。选用 1.8% 阿维菌素乳油 2 500~ 3 000 倍液、5% 高效氯氟氰菊酯乳油 3 000~4 000 倍液、24% 灭多威水剂 800~1 000 倍液、48% 毒死蜱乳油 1 500~2 000 倍液、4.5% 高效氯氰菊酯乳油 1 500~2 000 倍液等均有很好防效。

十、桑白蚧壳虫

1. 为害症状诊断识别

桑白蚧壳虫简称桑白蚧，俗称树虱子，可为害桃、李、杏、樱桃等多种果树。桑白蚧以若虫和成虫固着枝干上刺吸汁液为害，有时也可为害果实。虫量特别大，有的完全覆盖住树皮，相互重叠成层，形成凸凹不平的灰白色蜡物质，排满泄黏液污染树体呈油渍状，被害枝条发育不良，重者整枝或整株枯死，以 2~3 年生枝条受害最重（图 1–53）。

图 1-53　被害状

2. 防治措施

（1）农业防治。① 冬季修剪时，剪除严重虫枝，或用硬毛刷、细钢丝刷或竹片、软鞋底刮刷掉树上越冬的雌成虫。② 在萌芽前喷 5 波美度石硫合剂消灭越冬雌虫。③ 人工杀灭，选择阴天，气温在 0℃以下，用清水往被蚧壳虫为害枝喷清水后立即结冰，再用人工拿竹竿、木杆将冰逐渐敲打下来，这时蚧壳虫也随之掉下来，捡拾消灭越冬雌虫。④ 保护天敌，如红点唇瓢虫、黑缘红瓢虫、小二红点瓢虫和寄生蜂等天敌，应予以保护利用，或迁移天敌来消灭害虫。果园禁止使用甲胺磷等广谱性杀虫剂，以保护天敌消灭害虫。

（2）药剂防治。萌芽期全园喷施 1 次 3~5 波美度石硫合剂，杀灭越冬虫源。生长期主要应抓住初孵若虫扩散为害至形成介壳前喷药，每代 1 次即可。有效药剂有 48%毒死蜱乳油 1 200~1 500 倍液、25%噻嗪酮可湿性粉剂 1 000~1 200 倍液、90%液状石蜡 300~400 倍液、25%吡蚜酮可湿性粉剂 1 500~2 000 倍液等。还可利用 2% 食盐 · 1% 洗衣粉液，防治效果尚可，基本可控制蚧壳虫为害。

十一、桃球坚蚧

1. 为害症状诊断识别

桃球坚蚧为同翅目，蜡蚧科。主要为害桃、杏、李、樱桃、山楂、苹果、梨等。以成虫、若虫、幼虫用刺吸口器为害枝条。受害枝条长势减弱，叶小而少，芽瘦小。常和桑白蚧、杏球坚蚧混合发生，即在一个枝段上几种介壳虫同时存在并为害。在枝条上或芽腋间固定吸食树体汁液进行为害。雌性若虫发育时将越冬蜡壳胀裂，但仍附在体背上，4 月上旬再蜕 1 次皮即变为成虫，虫体迅速膨大，体表形成较软的红褐色蜡壳，近球形。体背后侧分泌出水珠状透明的贴液，招引雄虫来交配，雄虫交尾后即死亡（图 1–54）。

图 1–54 被害状

2. 防治措施

（1）农业防治。① 芽萌动期喷波美 5 度石硫合剂，以杀死越冬若虫。② 老桃园各种蚧壳虫严重，应该区域化更新。③ 保护利用天敌——黑缘红瓢虫是其主要天敌，应加强保护。

（2）药剂防治。① 芽萌动期喷 5 波美度石硫合剂，以杀死越冬若虫。② 若虫孵化转移期喷药防治。可喷 40% 毒死蜱乳油 1 200 倍液或 10% 吡虫啉可湿性粉剂 1 000 倍液，或喷 1 000 倍液蜡灵、蚧壳速杀、速杀蚧、杀蚧灵等混配农药。

十二、茶翅蝽

1. 为害症状诊断识别

茶翅蝽又名臭板虫，俗称“臭大姐”，为半翅目，蝽科。以成虫和若虫为害桃、梨、苹果、杏、李等果树及部分林木和农作物，近年来为害日趋严重。为害叶片、花蕾、嫩梢、果实。叶和梢被害后症状不明显，果实被害后被害处木栓化，变硬，发育停止而下陷。果肉变褐成一硬核，受害处果肉微苦，严重时形成畸形果，失去经济价值（图 1–55 至图 1–57）。

图 1–55　交配症状

图 1–56　刚孵化的若虫

图 1–57　被害状

2. 防治措施

（1）农业防治。在春秋两季人工捕杀越冬场所的越冬及出蛰的成虫。在卵发生期摘除卵块和群集幼若虫，集中销毁。受害严重的果园，在产卵和为害前进行果实、果穗套袋。

（2）药剂防治。在茶翅蝽为害最重的 6 月中旬至 8 月上旬树上喷药防治，药剂可选用 48%毒死蜱乳油 1 000 倍液，或用 20%氰戊菊酯乳油 2 000 倍液，或用 2.5%功夫乳油或 2.5%敌杀死乳油 2 500~3 000 倍液。

十三、红颈天牛

1. 为害症状诊断识别

红颈天牛以幼虫在树干蛀道越冬，翌年 3—4 月恢复活动，在皮层下和木质部钻不规则隧道，并向蛀孔外排出大量红褐色粪便碎屑，堆满孔外和树干基部地面。5—6 月为害最烈，严重时树干全部被蛀空而死。幼虫老熟后，向外开一排粪孔，用分泌物粘结粪便、木屑，在隧道内作茧化蛹。6—7 月成虫羽化后咬孔钻出，交配产卵于树基部和主枝枝杈粗皮缝隙内。幼虫孵化后，先在皮下蛀食，经过滞育过冬。翌年春继续蛀食皮层，至 7—8 月向上往木质部蛀食成弯曲隧道（图 1-58 至图 1-60）。

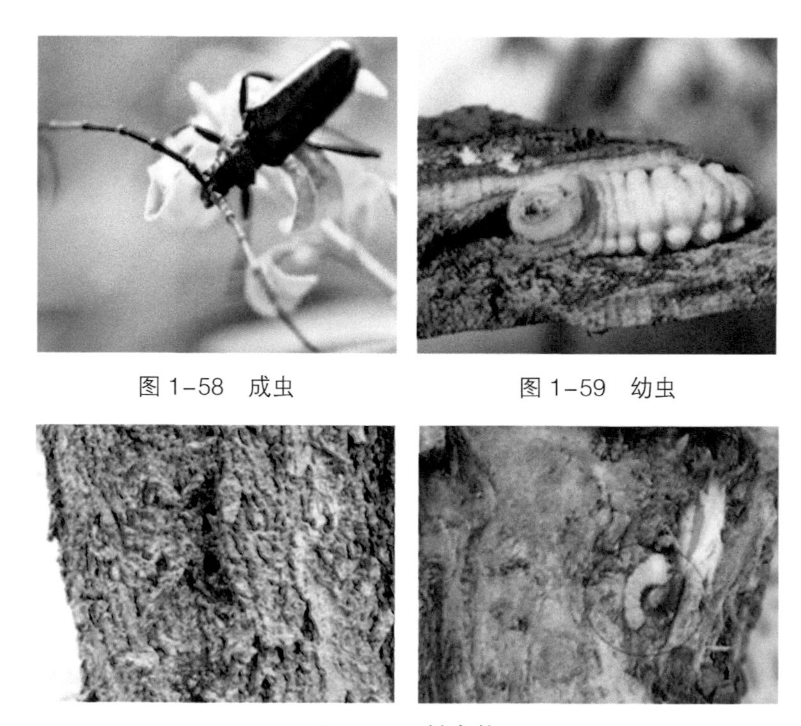

图 1-58　成虫

图 1-59　幼虫

图 1-60　被害状

2. 防治措施

（1）农业防治。① 及时清除被害死枝、死树，集中烧毁。② 在 6—7 月成虫发生期组织人员捕杀。③ 幼虫发生期经常检查枝干，发现排泄粪便寻虫孔用铁丝钩刺幼虫。

（2）药剂防治。① 涂白防虫，成虫产卵前，在主干和主枝上刷石灰硫黄混合剂并加入适量的触杀性杀虫剂，硫黄、生石灰和水的比例为 1∶10∶40。② 虫道注药，检查发现枝干上的排粪孔后，将粪便木屑清理干净，塞入 56% 磷化铝片剂 1/4 片或注入 80% 敌敌畏乳油 10~20 倍，用黄泥将所有排粪孔封闭，熏蒸杀虫效果很好。

第二章

苹果树病虫害

第一节　苹果树病害

一、苹果树腐烂病

1. 为害症状诊断识别

苹果树腐烂病俗称臭皮病、烂皮病、串皮病，是我国苹果产区主要的病害之一。枝干受害，病斑有溃疡和枝枯两种类型。溃疡型：病部呈红褐色，水渍状，略隆起，病组织松软腐烂，常流出黄褐色汁液，有酒糟味。后期干缩，下陷，病部有明显的小黑点（即分生孢子器），潮湿时，从小黑点中涌出一条橘黄色卷须状物。枝枯型：多发生在小枝、果台、干桩等部位，病部不呈水渍状，迅速失水干枯造成全枝枯死，上生黑色小粒点。果实受害，病斑暗红褐色，圆形或不规则形，有轮纹，呈软腐状，略带酒糟味，病斑中部常有明显的小黑点（图 2-1、图 2-2）。

图 2-1　苹果腐烂病

图 2-2　枝干腐烂病

2. 防治措施

（1）农业防治。① 彻底清除病菌组织；及时剪除病枝和刮除病斑，刮除粗翘皮等病残组织，并集中园外销毁。② 加强栽培管理，增强树势，提高抗病能力。③ 采取综合措施如平衡施肥；做好疏花疏果，控制挂果量；科学合理灌水；入冬树干涂白；尽量减少并保护各种伤口，剪锯口及时用护树将军或菌清涂抹；加强其他病虫害防治，避免造成早期落叶。④ 桥接防治，对腐烂病为害严重的主干、主枝、骨干枝患有大病斑的苹果树及时刮除病斑、进行桥接，沟通养分输送，恢复树势，保住结果大枝。

（2）药剂防治。① 及时铲除树体病菌，早春萌芽前和落叶后分别全树喷施45% 施纳宁水剂 400~500 倍液或树安康 300 倍液、或喷菌立灭 2 号 200 倍液或5% 菌毒清 50~100 倍液。② 用溃腐灵 50~100 倍液涂抹主干和枝干患病处，可得到理想效果。③ 做好根腐处理，将具有根腐病症状的苹果树根周围的土壤扒开，露出根部，刮去腐烂部分，先晾根一段时间，然后每株施入 2.5~5kg 草木灰，并加土少许覆盖（称草木灰覆盖法），因草木灰是含钾、磷的肥料，用此法治疗苹果根腐病还具有增强树势，提高树体抗病力的作用。或发现树冠叶片出现萎蔫或新梢顶端嫩叶有干尖和焦边时，立即将树干周围的土壤挖开，露出大根，然后用恶霉灵水溶液灌根（每 10g 恶霉灵对水 10kg），7 天再灌 1 次，连灌 2~3 次，然后用新地表土回填。

二、苹果白粉病

1. 为害症状诊断识别

苹果白粉病主要为害新梢、叶片、花及幼果。叶片受害，先产生成块的绒状菌丝层，后逐渐扩大，布满全叶，上生一层白粉。病叶狭长皱缩，质硬而脆，叶缘卷曲，最后变为褐色，以至枯死。枝梢受害，节间缩短，上生一层白粉，后期生出很多密集的小黑点。花丛受害，花瓣窄长萎缩，布满白粉，不能坐果。幼果受害，表面生有白粉，果顶生有斑块，后变为锈斑，生长受阻。病源菌为子囊菌亚门白叉丝单囊壳真菌（图 2-3）。

2. 防治措施

（1）农业防治。① 发现并及时剪（摘）除病芽、病叶，并携出园外加以烧毁或深埋以减少或避免并菌传播。② 加强果园管理，合理剪枝，保持树体通风透光、枝叶合理分布。③ 要清除果园内的杂草、落叶、病枝、落果以及修剪的树枝，深翻地，刮除病斑并涂布或喷施硫酸铜或福美胂或石硫合剂等保护性药剂。

图 2-3　苹果白粉病症状

（2）药剂防治。① 在花前（发病初期）就预防，选用 15% 三唑酮 1 000~1 500 倍液，40% 的氟硅唑 3 000 倍液，70% 甲基硫菌灵 1 000 倍液（50% 甲基硫菌灵 800 倍液），40% 福美胂 500 倍液，或用 1~3 波美度的石硫合剂。② 花期后 15 天左右喷施 15% 粉锈宁 1 000 倍液，40% 腈菌唑悬浮剂 4 000~5 000 倍液或用 25% 乙嘧酚 1 000 倍液，也可结合防治其他病虫害，或喷施 50% 硫悬浮剂 200 倍液，或用波美 0.3~0.5 度石硫合剂加 0.3% 五氯酚钠，或用 12.5% 烯唑醇可湿性粉剂 2 000~2 500 倍液，或用 25% 腈菌唑乳油 4 000 倍液，80% 炭疽福美可湿性粉剂 800 倍液，70% 代森锰锌可湿性粉剂 400 倍液，70% 甲基硫菌灵可湿性粉剂 1 000 倍液，40% 吡唑 · 戊唑醇悬浮剂 3 000 倍液或 25% 乙嘧酚悬浮剂 1 000 倍液，均可有效防治。

三、苹果斑点落叶病

1. 为害症状诊断识别

苹果斑点落叶病又称褐纹病，主要为害叶片，造成早落，也为害新梢和果实，叶片染病初期出现褐色圆点，其后逐渐扩大为红褐色，边缘紫褐色，病部中央常具一深色小圆点或同心轮纹，果实染病，在幼果果面产生黑色发亮的小斑点或锈斑，秋梢嫩叶染病较重。该病常造成苹果早期落叶，引起树势衰弱，果品产量和质量降低，贮藏期间还容易感染其他病菌，造成腐烂（图 2-4）。

2. 防治措施

（1）农业防治。① 严格检疫。尽量不从病区引进苗木、接穗。② 严格清园。秋冬季节认真扫除落叶，剪除病枝，集中烧毁或深埋，以清除病源。③ 做好预

图 2-4 苹果斑点落叶病症状

测预报，抓住防病治病关键时期。

（2）药剂防治。在5—8月应交替使用以下药物，使用《靓果安》200~300倍液+（沃丰素）600倍液进行喷施，间隔15~20天，连喷2~3次，以保护叶片。或用40%福美胂可湿粉100倍液，重点保护早期叶片、立足于防，或用70%三乙膦酸铝和代森锰锌合剂800倍液，或用70%代森锰锌可湿性粉剂500倍液。防治斑点落叶病的特效杀菌剂还有10%多氧霉素1 000倍液，50%异菌脲1 000倍液，12.5%烯唑醇2 000倍液，25%戊唑醇1 000倍液均可。

四、苹果木腐病

1. 为害症状诊断识别

苹果木腐病是一种常见病症，发病部位主要是衰老树的枝干上或腐烂病发病较多的植株枝干上，子实体常呈覆瓦状着生，质韧，白色或灰白色，上具绒毛或粗毛，扇状或肾状，边缘向内卷，有多个裂瓣，阔叶树或针叶树的腐木上比较常见。主要为害老树皮，造成树皮腐朽和脱落，使木质部露出，并逐渐往周围健树皮上蔓延，形成大型条状溃疡斑，削弱树势，重者引起死树（图 2-5）。

2. 防治措施

（1）农业防治。① 加强苹果园管理，发现病死或衰弱老树要及早挖除或烧毁。② 对树势弱或树龄高的苹果树，应采用配方施肥技术。以恢复树势增强抗

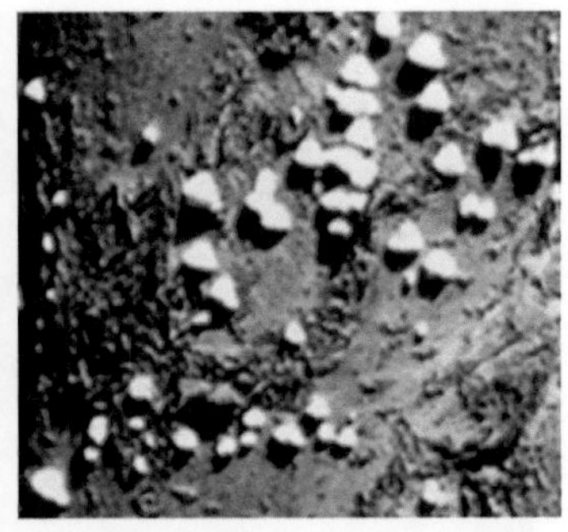

图 2-5　苹果木腐病症状

病力。③ 保护树体，减少伤口或损伤，是预防本病重要有效措施。

（2）药剂防治。对病树长出子实体的，应立即刮除，集中深埋或烧毁，病部伤口要涂 1% 硫酸铜消毒后再涂波尔多液（40% 波尔多液可湿性粉剂 100 倍液）或煤焦油等保护，或涂果康宝 20~30 倍液，或涂 843 康复剂原液保护，以利促进伤口愈合，减少病菌侵染。

五、苹果黑腐病

1. 为害症状诊断识别

苹果黑腐病主要为害果实、枝干和叶片，以果实受害较重。果实染病，多始于萼片（萼洼）处，初现红色小斑点，后成紫色，外缘红色，数周后变成黑褐色，致果实萼端腐烂。叶片染病，最初出现紫色小黑点，后扩展成边缘紫色的圆斑，中部黄褐色或褐色，似蛙眼状，严重的病叶褪绿脱落。枝干染病，多发生在衰老树的上部枝条上，初现红褐色凹陷斑，自皮层下突出许多黑色小粒点，树皮

图 2-6　苹果黑腐病症状

粗糙或开裂，严重的致大枝枯死。花瓣脱落后幼果受侵，出现丘疹状红色或紫色斑点，果实成熟后迅速扩展。成熟果实染病，产生边缘有红晕的病斑，或形成黑褐色相间的轮纹，病斑坚硬，不凹陷，常散有分生孢子器（图 2-6）。

2. 防治措施

（1）农业防治。①及时清除僵果、枯枝，集中烧毁或深埋，彻底清除病源菌。②精细整枝、修剪，及时剪除细弱病枝。③建园时选择或更新抗病性强的品种。

（2）药剂防治。① 结合防治其他烂果病，从萌芽期开始喷 80% 喷克可湿性粉剂 600 倍液或 80% 代森锰锌可湿性粉剂 600 倍液、50% 混杀硫悬浮剂 500 倍液、36% 甲基硫菌灵悬浮剂 500~600 倍液、50% 甲基硫菌灵・硫黄悬浮剂 800 倍液、50% 苯菌灵可湿性粉剂 800 倍液，隔 10~14 天 1 次，连续防治 2~3 次。② 早春萌芽前全园喷施灭杀病菌药物灭菌消毒。建议喷施新高脂膜增强防治效果。③ 除对病菌感染的树体防治以外，要加强树体保护，结合防治其他烂果病，在花前花后各喷 1 次壮果蒂灵，增粗果蒂加大营养输送量，增强果体抗病菌感染能力。

六、苹果黑星病

1. 为害症状诊断识别

苹果黑星病，又称疮痂病，主要为害叶片和果实。叶片发病，病斑初为淡黄色的圆形或放射状，初生绿褐色霉层，后逐渐变为黑褐色，其上有大量灰黑色霉层，发病后期严重的多数病斑连在一起布满全叶，病叶枯焦或干枯破裂，叶片小而厚，呈卷曲状，易早期脱落。果实发病，幼果和成熟果都可受侵害，病斑初为淡黄绿色，圆形，后期褐色或黑色，表面有绒状黑霉层，病斑凹陷，硬化龟裂。叶柄、叶脉上的症状都与梨黑星病相似，特点是后期在病斑上均覆盖一层黑霉层

图 2-7　苹果黑星病症状

（即病菌的分生孢子梗和分生孢子）（图 2–7）。

2. 防治措施

（1）农业防治。① 加强检疫，防止栽植带病菌苗木，保障建园质量。② 合理修剪，避免果树呈“扫把”状，使树体内膛通风透光良好，密植果园和老果园要及时进行疏树、更新。③ 平衡施肥，增施有机肥、叶面肥及微量元素等，合理灌溉，增强树势，提高抗病力。④ 秋季采果后，及时清园，把残叶及剪掉枝条清扫干净，烧毁，消灭菌源。

（2）药剂防治。早期喷洒波尔多液；开花前和开花后药剂喷洒 25% 咪鲜胺乳油 1 500 倍液，或用 2% 戊唑醇 1 500 倍液，或用 12.5 烯唑醇 1 500 倍液，或用 12% 绿乳铜 600 倍液，或用 70% 代森锰锌可湿性粉剂 500 倍液，80% 炭疽福美可湿性粉剂 800 倍液，50% 混杀硫悬浮剂 500 倍液，70% 甲基硫菌灵超微可湿性粉剂 1 000 倍液，以上药剂与硫酸锌石灰液交替使用，效果较好，每隔 10~15 天防治 1 次，共防治 3~4 次，并配施叶面肥和微量元素，隔 7~10 天喷 1 次，连喷 3~4 次，可有效防治苹果黑星病的发生。

七、苹果炭疽病

1. 为害症状诊断识别

苹果炭疽病又称苦腐病、晚腐病，是苹果上重要的果实病害之一，主要为害果实，也可为害枝条和果台等。果实感病，初期果面上出现淡褐色小圆斑点，迅速扩大，呈褐色或深褐色，表面软腐凹陷，果肉腐烂呈漏斗形，可烂至果心，具苦味，与好果肉界限明显（图 2–8）。

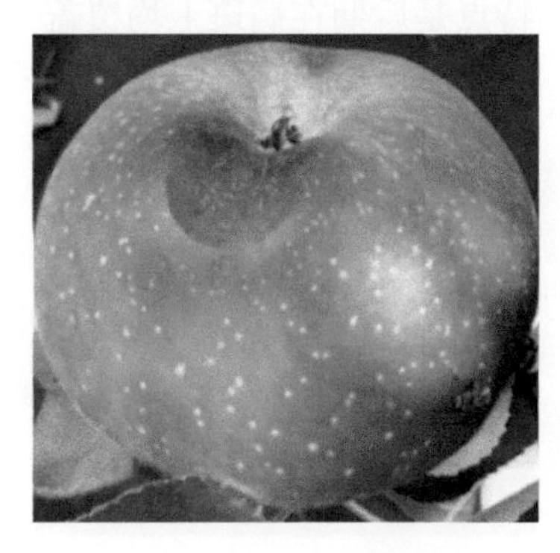

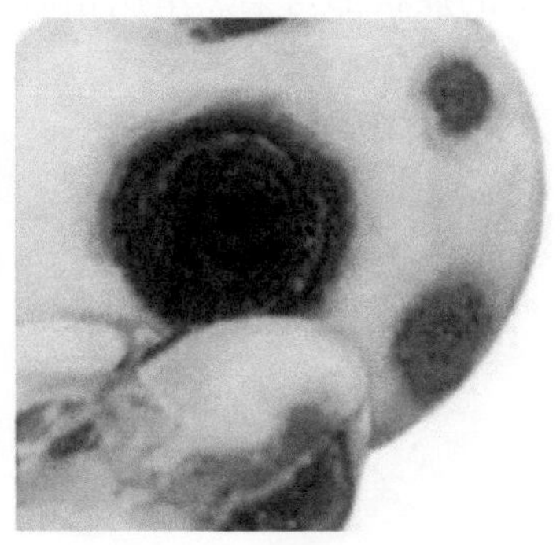

图 2–8　苹果炭疽病症状

2. 防治措施

（1）农业防治。发现病枝及患病处，及时剪除、刮净病患处，刮除病皮病枝集中烧毁。发病期及时摘除病果，清除地面落果，以减少果园再侵染源。合理密植和整形修剪、增强和改善果园通风条件，降低湿度。平衡施用氮、磷、钾肥，切忌偏施速效氮肥。及时中耕除草，雨后及时排水，果园周围避免用刺槐和核桃等病菌的寄主树木作防风林。入库前剔除病果，加强贮藏期管理，注意控制库内温度，特别是贮藏后期温度升高时，应加强检查，及时剔除病果。

（2）药剂防治。早春萌芽前对树体普喷 1 次杀菌剂，消灭越冬菌源。药剂选用 3~5 波美度石硫合剂或 0.3% 的五氯酚钠，两者混合使用效果更佳，可有效地杀死或减少初侵染菌源。也可用 40% 福美胂可湿性粉剂 200 倍液。生长期施药应在谢花坐果后即可开始，每隔 15 天左右喷 1 次，连续喷 3~4 次，迟熟品种可适当增加喷药次数，一般选用 80% 代森锰锌可湿陞粉剂 600~800 倍液 +50% 多菌灵可湿粉 800 倍液；或用 10% 苯醚甲环唑水分散粒剂 2 000~3 000 倍液；25% 溴菌腈乳油 300~500 倍液；55% 氟硅唑・多菌灵可湿性粉剂 800~1 200 倍液；60% 吡唑醚菌酯・代森联水分散粒剂 1 000~2 000 倍液；70% 甲基硫菌灵可湿性粉剂 800~1 000 倍液等均匀喷施。

八、苹果日灼病

1. 为害症状诊断识别

果实、枝干均可染病。向阳面受害重。被害果初呈黄色，绿色或浅白色（红色果），圆形或不定型，后变褐色坏死斑块，有时周围具红色晕或凹陷，果肉木栓化，日灼病仅发生在果实皮层，病斑内部果肉不变色，易形成畸形果。主干、大枝染病，向阳面呈不规则焦煳斑块，易遭腐烂病菌侵染，引致腐烂或削弱树势。致病原因（病原）是因夏季强光直接照射果面或树干，致局部蒸脱作用加剧，温度升高或灼伤（图 2-9）。

2. 防治措施

（1）农业防治。① 日灼病发生严重地区，选栽抗日灼病品种。② 果实套袋。疏果后半月进行。各果园根据病虫害发生程度的不同，因地制宜选用不同果袋，兼防其他病虫害。需要进行着色的果实，采前半个月撤掉果袋。③ 树干涂白，利用白色反光原理，降低插向阳面温度，缩小冬季昼夜温差以减轻夏季高温灼

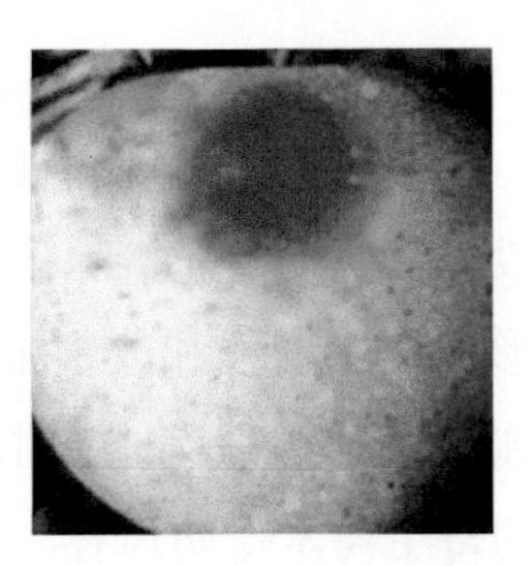

图 2-9　苹果日灼病症状

伤。涂白时，避免涂白剂滴落在小枝上灼伤嫩芽。④ 夏季修剪时，果实附近适当增加留叶遮盖果实，防止烈日暴晒。⑤ 合理施用氮肥，防止枝叶徒长，夺取果实中水分。⑥ 加强灌水及土壤耕作，促根系活动，保证树体水分的需要。

（2）药剂防治。① 树干涂白剂的配制：生石灰 10~12kg、食盐 2~2.5kg、豆浆 0.5kg、豆油 0.2~0.3kg、水 36kg。配制时，先将石灰化开，加水成石灰乳，除去渣滓，再将其他原画加入其中，充分搅拌即成。② 树枝、叶片定期喷施杀菌、杀病虫等药剂，保护、延长叶片功能期，增强树势，提高抗病虫害能力。

九、苹果轮斑病

1. 为害症状诊断识别

轮纹病主要为害果实，也可侵染枝干，严重时削弱树势，引起落果，是苹果枝干和果实重要病害之一。主要以皮孔为中心出现圆形病斑，感病果面先出现褐色小斑点，逐渐扩大成暗褐色、圆形、表面凹陷的同心状轮纹斑，果肉自果面向果心呈漏斗形变褐腐烂，生出由小到大的圆形轮纹，天气潮湿时可溢出粉红色的分生孢子团。病斑可扩展到果面的 1/3~1/2 甚至全部腐烂。数斑相连使果腐烂更加严重。晚秋染病时，病斑呈深红色小斑点，中心有一暗褐色小点，在运输和贮藏期间条件适宜时继续发病（图 2-10）。

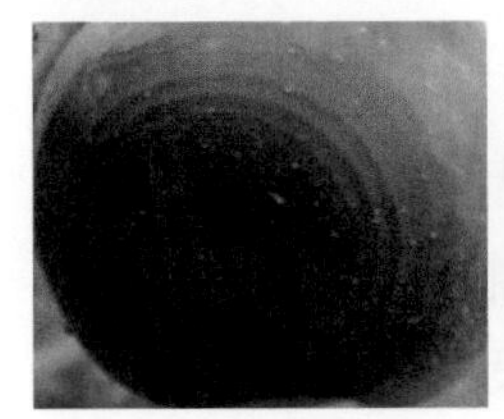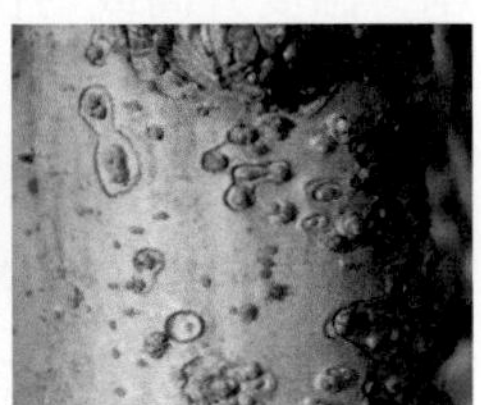

图 2-10　苹果轮纹病症状

2. 防治措施

（1）农业防治。① 加强栽培管理，注意氮、磷、钾肥的合理施用，增强树势，提高树体抗病能力。② 田间做好通风降湿，减少或避免叶面结露。③ 入冬前彻底刮除枝干上的病斑、老皮，彻底清除落叶枯枝及病残体，集中烧毁或深埋，减少越冬病菌。④ 生长期间发现感病幼果及时摘除深埋或销毁，果实贮藏运输前，要严格剔除病果和有损伤的果实。

（2）药剂防治。① 生长前期用使用新高脂膜 500 倍液配合针对性药剂进行喷施防止、消灭或降低病源菌基数。② 在病菌开始侵入发病前（黄淮流域一般在 5 月上中旬至 6 月上旬），重点是喷施保护剂，可喷施靓果安 300~400 倍稀释液 +70% 甲基硫菌灵可湿性粉剂 800 倍液预防或控制病害的蔓延、或用靓果安 300~400 倍液 + 12.5% 腈菌唑可湿性粉剂 2500 倍液或戊唑醇、或结合防治腐烂病喷施 1 次护树将军，以控制该病害的侵入和发病。

十、苹果灰斑病

1. 为害症状诊断识别

苹果灰斑病主要为害叶片、果实、枝条、嫩梢。叶片染病，初呈红褐色圆形或近圆形病斑，边缘清晰；后期病斑变为灰色，中央散生小黑点，即病菌分生孢子器。病斑常数个愈合，形成大型不规则形病斑。病叶一般不变黄脱落，但严重受害的叶片可出现焦枯现象。果实染病，形成灰褐色或黄褐色、圆形或不整形稍凹陷病斑，中央散生微细小粒点（图 2-11）。

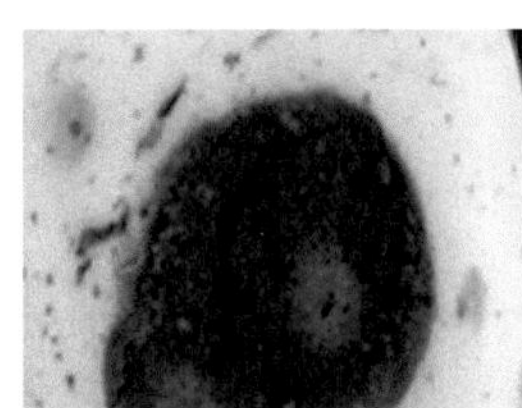
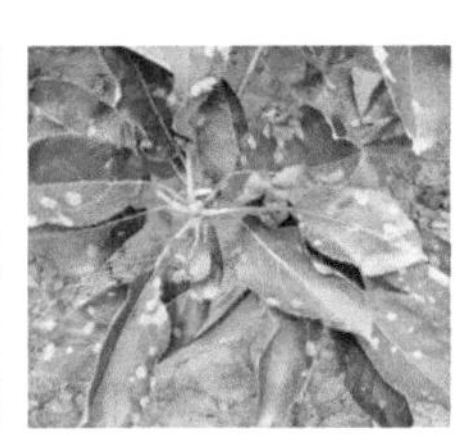
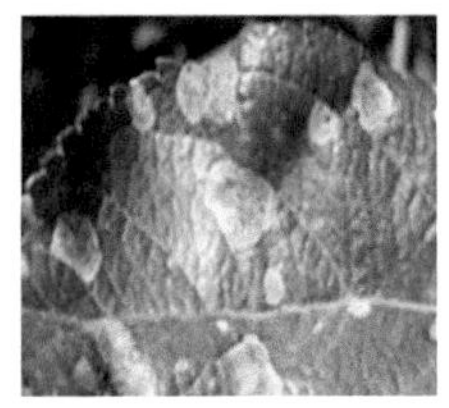

图 2-11　苹果灰斑病症状

2. 防治措施

（1）农业防治。① 发病严重地区，选用抗病品种，灰斑病重发生多在秋季，应重点抓好后期防治。② 加强栽培管理，增强树势以提高抗病力。③ 土质黏重或地下水位高的果园，要注意排水，做好整形修剪，使树体通风透光。④ 秋冬清除园中残枝落叶集中处理，消灭越冬菌源。⑤ 冬季深耕翻可减少越冬菌源；加强贮藏期管理，入窖前严格剔除病果，控制好窖内温度与湿度。

（2）药剂防治。① 发病前以保护剂为主，可选用 1∶2∶200 倍式波尔多液、或用 0.5∶1∶2∶200 锌铜石灰液（硫酸锌 0.5 ：硫酸铜 ：生石灰 2 ：水 200）、或用 30% 碱式硫酸铜胶悬剂 300~500 倍液、或用 70% 代森锰锌可湿性粉剂 500~600 倍液。② 发病初期及时喷药防治，可选用 70% 甲基硫菌灵悬浮剂 800 倍液 +70% 代森锰锌可湿性粉剂 500~600 倍液、或用 50% 混杀硫悬浮剂 500~600 倍液 +50% 异菌脲可湿性粉剂 1 000~1 500 倍液、或用 10% 多氧霉素可湿性粉剂 1 000~1 500 倍液 +70% 代森锰锌可湿性粉剂 500~600 倍液、或用 60% 多菌灵盐酸盐超微粉 600~800 倍液 +70% 代森锰锌可湿性粉剂 500~600 倍液，具体喷药时间应根据发病期确定，一般在花后结合防治白粉病或食心虫等喷第一次药，间隔 10~20 天 1 次，连续防治 3~4 次。

十一、苹果霉心病

1. 为害症状诊断识别

苹果霉心病又称心腐病。全国各地苹果产区普遍性病害之一，严重时发病率可高达 80%。霉心病主要为害果实，果实受害感病是从心室开始逐渐向外霉烂，造成果实心室发霉或果实腐烂，果心变褐，充满灰绿色或粉红色霉状物，果肉味极苦。但外观症状不明显，较难识别。幼果受害重的，早期脱落（图 2–12）。

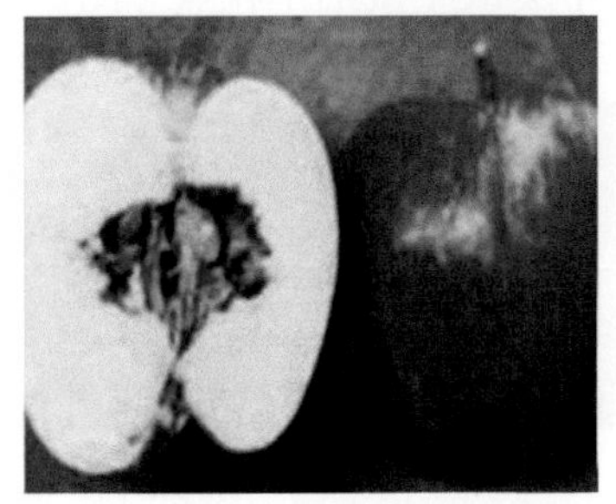

图 2–12 苹果霉心病症状

2. 防治措施

（1）农业防治。① 科学合理施肥，增施有机肥料，避免偏施氮肥。② 苹果采收后清除果园内的病果、病叶、病枝及丛生的杂草。③ 结合其他病害防治及时刮除树体病皮，并带出果园集中处理。④ 合理灌排，保持适宜的土壤含水量，果园地面不要长期潮湿。

（2）药剂防治。于开花前、开花后及幼果期每隔 10~15 天喷 1 次护果药，防止真菌侵入，可选用 1∶2∶200 倍式波尔多液、或在苹果发芽前喷洒 3~5 波美度石硫合剂加用 0.3% 的五氯酚钠，消杀病菌，减少田间菌源、或用 50% 异菌脲可湿性粉剂 1 000 倍液、或用 50% 甲基硫菌灵·硫黄悬浮剂 800 倍液，或 50% 多菌灵·乙霉威可湿性粉剂 1 000 倍液、或用 5% 菌毒清水剂 200~300 倍液、或 70% 代森锰锌可湿性粉剂 600~800 倍液 +10% 多氧霉素可湿性粉剂 1 000~1 500 倍液、或用 15% 三唑酮可湿性粉剂 1 000~1 500 倍液、或用 70% 甲基硫菌灵可湿性粉剂 1 000 倍液，可有效降低采收期的心腐果率。套袋果实应在套袋前喷 1 次 1∶2∶200 等式波尔多液；也可在幼果期和果实膨大期，喷硝酸钙 250 倍液 1~2 次，能延缓果实衰老，减轻该病发展。

十二、苹果褐腐病

1. 为害症状诊断识别

苹果褐腐病主要为害果实，多以伤口为中心，果面发生褐色病斑，逐步扩展，使全果呈褐色腐烂，且有蓝黑色斑块。在田间条件下，随着病斑的扩大，从病斑中心开始，果面上出现一圈圈黄色突起物，逐渐突破表皮，露出绒球状颗粒，浅土黄色，上面被粉状物，呈同心轮纹状排列，在贮藏期间，空气潮湿时会有白色菌丝蔓延到果面（图 2-13）。

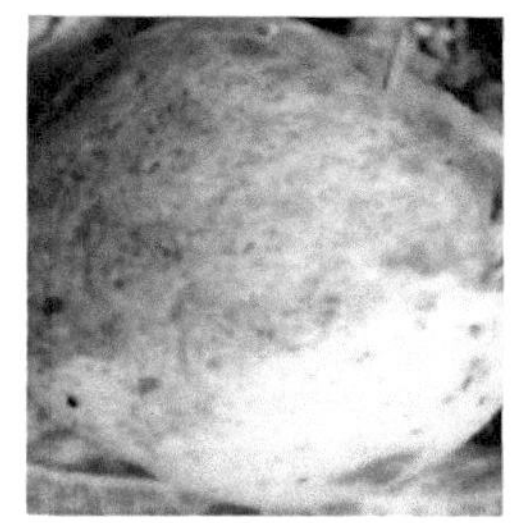

图 2-13　苹果褐腐病症状

2. 防治措施

（1）农业防治。① 及时清除树上树下的病果、落果和僵果，秋末或早春对果园进行深翻耕，掩埋落地病果，减少传染源。② 搞好果园的排灌系统，防止水分供应失调而造成严重裂果。③ 生长期间注意防治害虫，采收、运输和贮藏时，应尽量减少伤口，以防病菌侵染。

（2）药剂防治。一般中熟品种在 7 月下旬及 8 月中旬、晚熟品种在 9 月上旬和 9 月下旬各喷 1~2 次药，选用 70% 甲基硫菌灵可湿性粉剂 800~1 000 倍液、或用 50% 多菌灵可湿性粉剂 800~1 000 倍液、50% 苯菌灵可湿性粉剂 1 000 倍液、或用 2% 嘧啶核苷类抗生素水剂 200~300 倍液、或用 80% 代森锰锌可湿性粉剂 600~800 倍液、或用 36% 甲基硫菌灵悬浮剂 400 倍液 +75% 百菌清可湿性粉剂 1 000 倍液、或用 50% 乙烯菌核利可湿性粉剂 1 000~1 500 倍液、或用 50% 多霉威（多菌灵 · 乙霉威）可湿性粉剂 1 500~2 000 倍液。

十三、苹果锈病

1. 为害症状诊断识别

苹果锈病主要为害叶片，也能为害嫩枝、幼果和果柄。叶片初患病正面出现油亮的橘红色小斑点，逐渐扩大，形成圆形橙黄色的病斑，边缘红色。叶柄或新稍感病，病部橙黄色，稍隆起，多呈纺锤形，初期表面产生小点状性孢子器，后期病部凹陷，龟裂、易折断。果实发病，多在萼洼附近出现橙黄色圆斑，后变褐色，病果生长缓慢或停滞，病部坚硬，多呈畸形（图 2–14）。

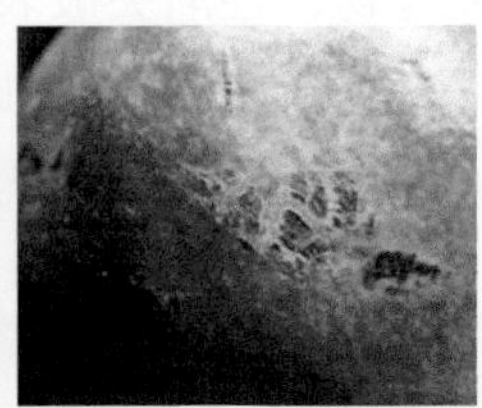

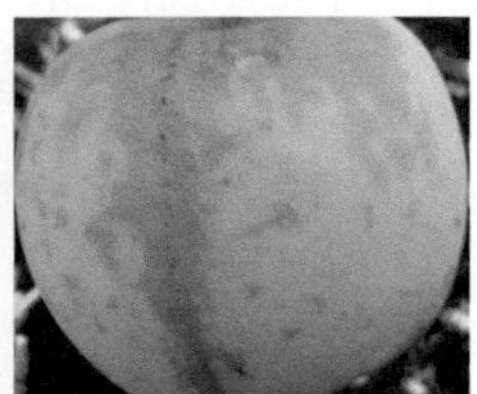

图 2–14　苹果锈病症状

2. 防治措施

（1）农业防治。① 加强果园管理，培育健壮树体，增强抗病性。② 晚秋及时清除园内残枝落叶，彻底刮除枝干上的轮纹病斑和干腐病斑及老翘皮，集中烧毁或深埋，减少越冬病菌基数，刮后涂抹溃腐灵 100 倍液杀菌。③ 清除转主寄生作物和树木，彻底砍除果园 500m 的桧柏、龙柏等树木。或早春剪除桧柏上的病菌枝并集中烧毁、开春及时在桧（龙）柏树上喷施杀菌药剂。④ 新建苹果园，栽植不宜过密，对过密枝条适时修剪，以利通风透光，增强树势。⑤ 雨季及时排水，降低果园湿度。

（2）药剂防治。① 早春发芽前可喷施3~5波美度石硫合剂或0.3%五氯酚钠100倍液杀菌。② 展叶后可结合其他病害防治，用50%多菌灵可湿性粉剂600~1 000倍液+80%代森锰锌可湿性粉剂500~800倍液、或用15%三唑酮可湿性粉剂1 000~2 000倍液、或用20%萎锈灵乳油1 500~2 000倍液、或用25%邻酰胺悬浮剂1 800~2 000倍液、或用30%醚菌酯悬浮剂1 200~2 000倍液、或用12.5%烯唑醇可湿性粉剂1 500~2 000倍液、或125%氟环唑悬浮剂1 000~1 250倍液、或用40%氟硅唑乳油600~800倍液、或用65%代森锌可湿性粉剂500倍液+70%甲基硫菌灵可湿性粉剂600~800倍液；或用70%代森锰锌可湿性粉剂800倍液+25%丙环唑乳油3 000倍液。间隔10~15天，连续喷2~3次，防治效果更佳。

十四、苹果花叶病

1. 为害症状诊断识别

苹果花叶病是一种发生较普遍的病毒病，主要表现在叶片上，患病的树，一年生的枝条较健株短，节数少，果实不耐贮藏，易提早落叶。常见的患花叶病的症状有5种表现型，① 斑驳型：病叶上出现大小不等，开头不定，边缘清晰的鲜黄色的病斑，后期病斑处常易枯死。在年生长周期中，这种病出现较早，而且是花叶病中较常见的症状。② 花叶型：病叶上出现较大的深绿与浅绿的色变斑块，边缘清晰，发生略迟，花斑数量多少不等。③ 条斑型：病叶上会沿中脉失绿黄化，并延及附近的叶肉组织。有时也沿主脉及支脉黄化，变色部分较宽；有时主脉、支脉、小脉都会呈现较窄的黄化，能使整叶呈网纹状。④ 环斑型：病叶上会产生鲜黄色的环状或近似环状的病纹斑，环内仍成绿色。该类型发生一般

图2-15　苹果花叶病症状

少而且发生晚。⑤ 镶边型：病叶边缘的锯齿及其附近发生黄化，从而在叶边缘形成一条变色边缘（枯干发白称镶边），近似缺钾症状，病中的其他部分表现正常。以上各类型之间还有许多变形或中间型，或多种类型混合发生（图 2–15）。

2. 防治措施

（1）农业防治。① 培育无病苗木，接穗采自无毒母树接穗，砧木用实生苗。② 早期发现，及时更换树苗或砍除病树，并对土壤进行消毒。③ 交叉保护，利用苹果花叶病毒的弱毒株系预先接种可干扰强毒株系的作用。

（2）药剂防治。对病株及病株周围的果树在萌芽前 7 天左右（预防病毒病最佳时间之一）、果花露红期、谢花后 7~10 天、夏至后至秋分前（是分化形成所有花芽和叶芽的关键时期）4 个时期（阶段），分别使用果树“病毒Ⅱ号”300~450 倍液（或者果树“病毒Ⅰ号”300~500 倍液，开花前后可适当减量），同时，每桶水添加纯牛奶 1 包，进行喷雾，或用 20% 盐酸吗啉胍·乙酸铜（病毒 A）可湿性粉剂 500 倍液，可有效预防和控制苹果病毒病，间隔 10~15 天，连喷 2~3 次。感病严重的果树，可在萌芽时期进行病毒Ⅱ号 450 倍液灌根，主要灌毛细根区，每株浇灌药液 50~60kg，效果较好。

第二节　苹果树虫害

一、苹果食心虫

1. 为害症状诊断识别

苹果食心虫为害有苹小食心虫（小蛀蛾）、梨大食心虫、梨小食心虫、桃小食心虫、桃蛀螟和棉铃虫等，均属鳞翅目害虫，以幼虫蛀入幼果，果面出现虫蛀孔，严重的常在果内蛀孔洞或把果肉吃光，剩下皮壳。除为害苹果、梨外还为害山楂、桃、李、杏、猕猴桃等（图 2–16）。

2. 防治措施

（1）农业防治。① 加强果园管理，及时摘除病果，越冬前彻底刮除树干粗皮，涂抹石灰盐水和杀虫剂，消灭皮内越冬的虫卵。② 注意处理堆放场所等园外苹果食心虫越冬场所，减少越冬虫源。③ 利用食心虫有趋光性，在果园设置黑光灯和灯下放置糖醋液 [糖 1 份、醋 4 份、水 16 份，再加少量敌百虫，配制成糖醋

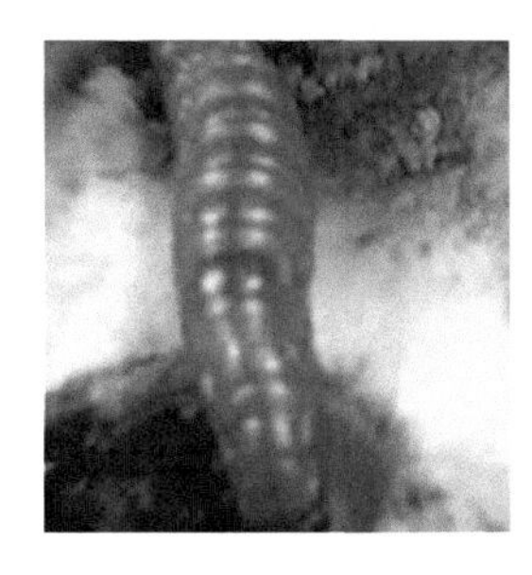
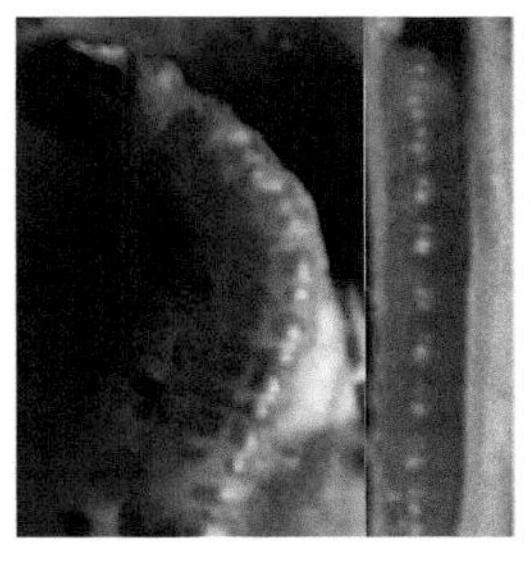
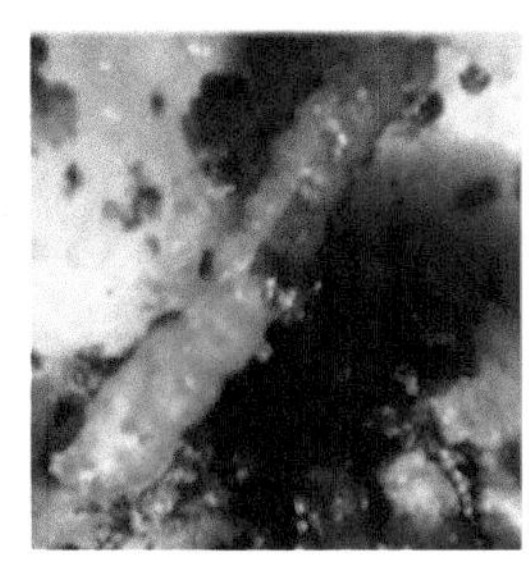

图 2–16　苹果食心虫

液，盛于盆中，放（挂）于黑光灯下，诱集成虫取食，将其杀死］诱杀多种害虫，如梨小食心虫、桃蛀螟、棉铃虫等。④ 利用松毛虫、赤眼蜂、步甲、蜘蛛、草蛉、齿腿姬蜂、白茧蜂和甲腹茧蜂等天敌作为食心虫的辅助防治，效果也较好。

（2）药剂防治。① 发生较重的果园地面撒药防治幼虫蛹，从越冬茧出土到地面化蛹结茧（6 月中旬至 7 月中旬），施药用 25% 辛硫磷胶囊剂或 50% 辛硫磷乳油 0.8~1kg 加水 50~90 倍均匀喷于树冠、或按药土 1∶50 制成毒土，撒于树冠周围且浅耙入土防光解，能取得良好的防治效果，若遇降透雨 2~3 天后施药效果尤佳。② 果树适期喷药，掌握在产卵孵化盛期及时喷药，一般 7 月中旬至 8 月中旬各喷药 1 次，喷药遇雨需要重喷用药，应选用 2.5% 功夫乳油 2 500~3 000 倍液、或用 2.5% 敌杀乳油 3 000~4 000 倍液及其菊酯类药剂，喷洒要均匀、全面。③ 用生物农药如苏云金杆菌、白僵菌、绿保威乳油等，是有机果品生产的最佳选择。④ 利用性信息素，干扰雌雄蛾的正常交配，减少产卵量，主要被利用的有迷向丝和性信息素微胶囊。

二、苹果蚜虫

1. 为害症状诊断识别

蚜虫俗称腻虫、蜜虫等，是苹果树上最常见的主要害虫之一，主要种类有苹果棉蚜、苹果黄蚜和苹果瘤蚜，属同翅目。蚜虫分有翅、无翅两种类型，以成蚜或若蚜群集于植物叶背面、嫩茎、生长点和花上，用针状刺吸口器吸食植株的汁液，使细胞受到破坏，生长失去平衡，叶片向背面卷曲皱缩，心叶生长受阻，严重时植株停止生长，甚至全株萎蔫枯死。蚜虫为害时排出大量水分和蜜露，滴落在下部叶片上，引起霉菌病发生，使叶片生理机能受到障碍，光合作用效率降低，减少干物质的生产积累（图 2–17、图 2–18）。

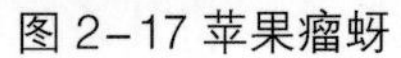
图 2-17 苹果瘤蚜　　　图 2-18　苹果黄蚜又称绣线菊蚜

2. 防治措施

（1）农业防治。① 保护和利用蚜虫天敌，控制蚜虫种群生态数量与平衡，目前已经发现攻击蚜虫的昆虫有瓢虫、食蚜蝇、寄生蜂、食蚜瘿蚊、蚜狮、蟹蛛和草蛉等。② 加强果园管理，合理灌排，平衡施肥，培育健壮树体，提高抗病抗虫能力。③ 苹果园内及周边禁止间作、搭配种植蚜虫的寄主作物及树木。

（2）药剂防治。用 40% 毒死蜱乳油 2 000 倍液、或用 20% 杀灭菊酯乳油、20% 溴氰菊酯乳油等菊酯类农药 2 000 倍液、或用 10% 吡虫啉可湿性粉剂 2 000 倍液、或用 3% 啶虫脒乳油 2 000 倍液、或用 1.8% 阿维菌素 3 000 倍液、或用 2.5% 功夫乳油 1 000~1 500 倍液等。从苹果树嫩梢蚜虫发生初期开始喷药，7~10 天 1 次，用药 2~3 次。注意选用高效、低毒、低残留的药剂，并多种农药轮换交替使用，以延缓蚜虫抗药性的产生。

三、苹果金龟子

1. 为害症状诊断识别

苹果园常见的有苹毛丽金龟子、黑绒金龟子、褐绒金龟子、金星花金龟子、小青花金龟子、毛黄褐金龟子等。在黄淮流域这几种金龟子都以成虫在土壤中越冬，3 月下旬开始出土，4 月上旬和中旬为出土盛期，集中为害花蕾和嫩芽（图 2-19）。

2. 防治措施

（1）农业防治。① 苹果秋施基肥时，务必施入充分腐熟后的土杂肥。② 冬前对全园进行清除落叶、浅翻耕一次，联合除草，破损金龟子全园越冬场合。③ 苹果树行间进行起垄覆膜，从而有效防治和减少金龟子对苹果蕾、花、果的为害。④ 黑光灯诱杀，金龟子具有趋光性，每年 4—10 月，可于苹果园 300~

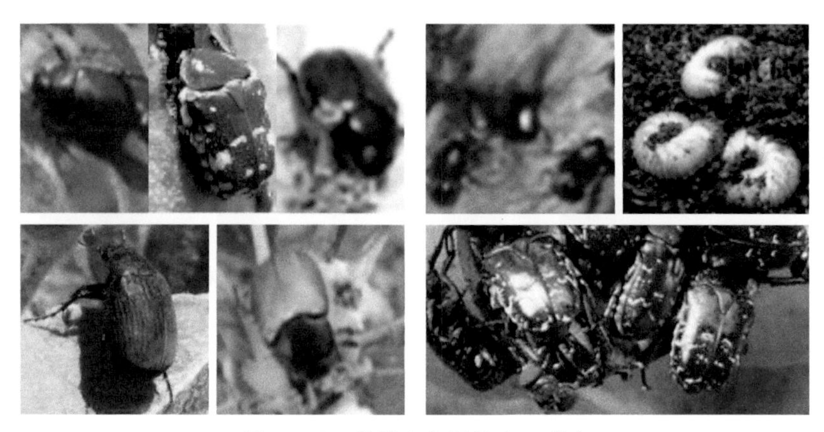

图 2-19　苹果金龟子幼虫、成虫

500m 半径范围内悬挂黑光灯一盏，可诱集金龟子等害虫，若再加挂一盏功率 60W 的白炽灯泡，则可提高诱虫效率 0.7~1.6 倍。

（2）药剂防治。① 树体喷药，在金龟子初出蛰时，行动缓慢，迁徙范围小，相对集中在果园周边的杨、柳等用材树种或果园边行，可于傍晚用 50% 敌敌畏乳油 800~1 000 倍液喷杀。② 6—8 月是为害盛期，可用 20% 杀灭菊酯 1 000~1 500 倍液、或用 20% 溴氰菊酯 1 000~1 500 倍液、或用 40% 毒死蜱乳油 2 000 倍液喷杀，兼顾周边用材林，效果显著。③ 糖醋液诱杀，糖醋液能吸引多数金龟子，可于晴朗微风天气，于果树 1.6m 处枝干悬挂糖醋液诱杀瓶（以广口瓶为宜，每亩放置 20 个左右），内灌 10cm 左右糖醋诱杀液，配方为：红糖 1 份、醋 4 份、水 16 份，加少量敌敌畏，成虫为害盛期适当加挂。

四、苹果潜叶蛾

1. 为害症状诊断识别

苹果潜叶蛾是金纹细蛾、旋纹潜叶蛾、银纹潜叶蛾的总称，均属鳞翅目潜叶蛾科害虫，也称钻蛀性害虫。主要为害苹果树叶片，影响叶片面积和叶片光合作用，严重时导致叶片早落，树势变弱，引起苹果幼果生长受阻、落果等现象，是苹果生产中的主要爆发性毁灭性害虫之一（图 2-20）。

2. 防治措施

参见金纹细蛾。

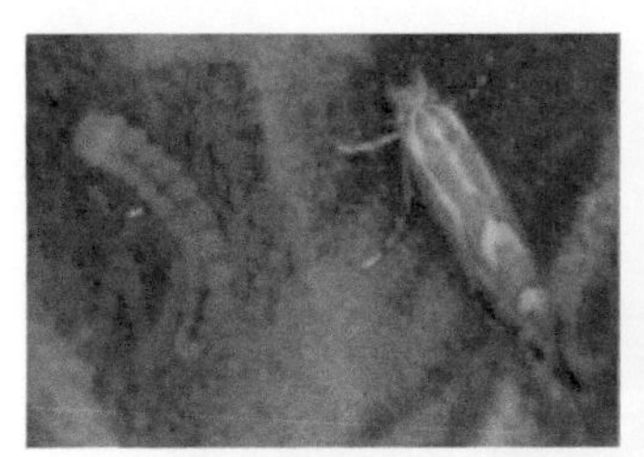
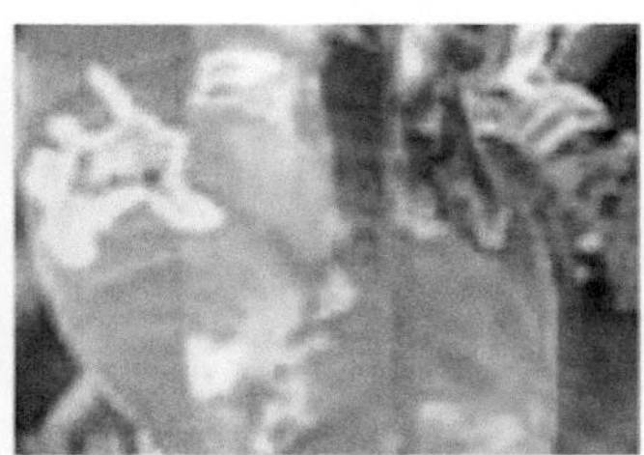

图 2-20　苹果潜叶蛾幼虫、成虫为害症状

五、苹果金纹细蛾

1. 为害症状诊断识别

苹果金纹细蛾属鳞翅、食叶性害虫，主要以幼虫为害叶片，影响光合作用，幼虫从叶背潜食叶肉，形成椭圆形的虫斑，叶背表皮皱缩，叶片向背面弯折。叶片正面呈现黄绿色网眼状虫斑，内有黑色虫粪。虫斑常发生在叶片边缘，严重时布满整个叶片（图 2-21）。

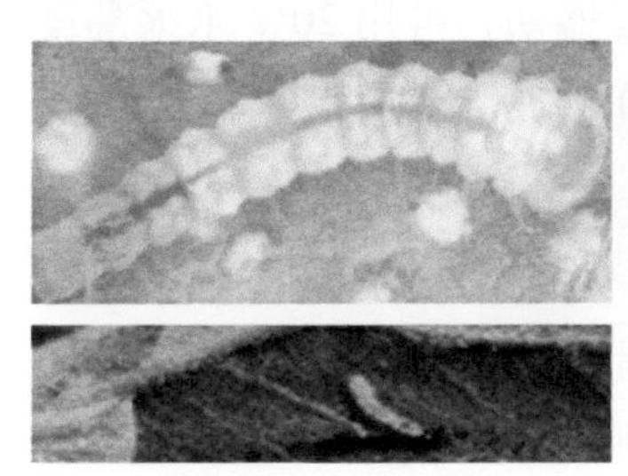
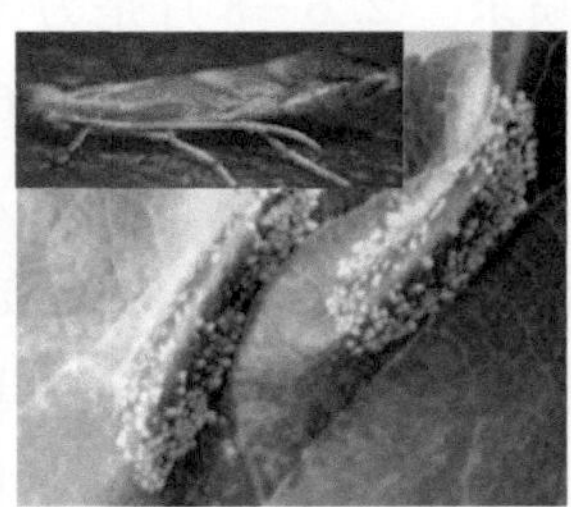

图 2-21　金纹细蛾幼虫为害症状

2. 防治措施

（1）农业防治。① 秋季落叶后，彻底清扫果园病叶，集中烧毁，消灭越冬蛹，减少越冬代成虫发生。② 苹果谢花后，彻底刨除树干基部根蘖，带出园外烧毁或深埋，消灭当年 1 代越冬虫卵和幼虫。③ 饲养、繁殖和利用天敌，利用金纹细蛾寄生蜂 – 跳小蜂，利用苹果潜叶蛾姬小蜂等害虫天敌，消灭并抑制潜叶蛾、金纹细蛾等害虫的发生数量，降低为害程度。

（2）药剂防治。① 6 月上、中旬是第一代成虫和第二代卵、初孵幼虫发生盛期，该期为药剂防治的最佳时期，用 25% 灭幼脲 3 号悬浮剂 2 000 倍、或用 20% 灭幼脲 1 号（除虫脲）2 000 倍液、或用 25%伏虫脲 2 000 倍液、或用 20% 杀铃脲 8 000~10 000 倍液，10% 除虫脲 5 000~6 000 倍液，40% 水胺硫磷 1 000

倍液，或用5%抑太保乳油2 000倍液、1.8%阿维菌素乳油1 000倍液和1%甲维盐1 000倍液单用、混用，还可兼治桃小、卷叶虫、红蜘蛛、蚜虫等。② 性诱剂诱杀雄蛾，在成虫期每亩设置诱捕器2~3个点，具有较好的诱杀雄蛾作用，减少成虫产卵量和繁殖系数，注意：性诱剂诱芯每1.5个月需要更换1次。③ 可用速取、抑统、氟虎等药剂，防效也较突出。

六、苹果卷叶蛾

1. 为害症状诊断识别

苹果卷叶蛾，属鳞翅目卷蛾科一类果树害虫。常见种类有小卷蛾科的顶梢卷叶蛾、卷蛾科的小黄卷叶蛾、苹果大卷叶蛾、黄斑卷叶蛾、褐卷叶蛾和新褐卷叶蛾等（图2-22至图2-25）。

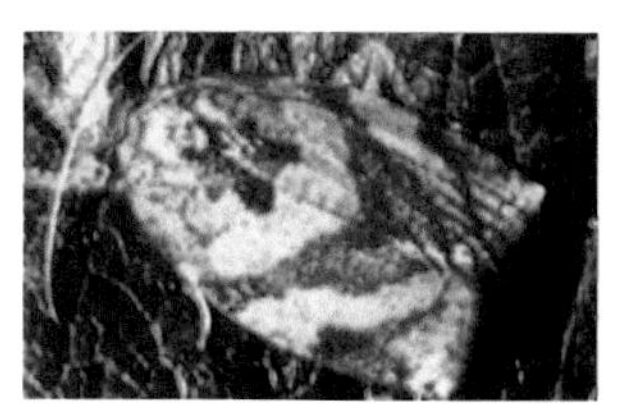

图2-22 苹果小卷蛾

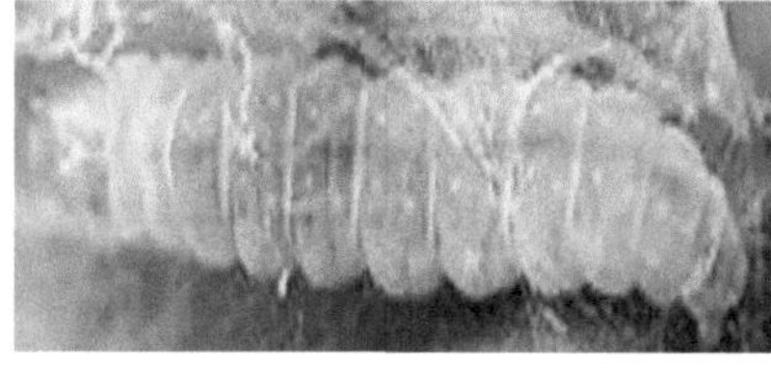

图2-23 苹果卷叶蛾幼虫

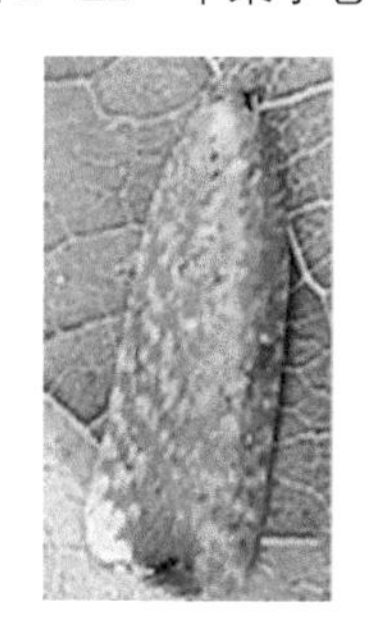

图2-24 黄斑卷叶蛾成虫

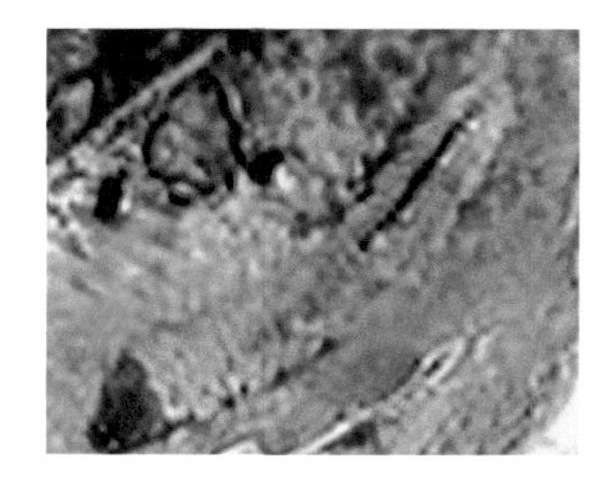

图2-25 黄斑卷叶蛾幼虫

2. 防治措施

（1）农业防治。① 冬季清园，去除落叶枯枝、剪除虫害枝条，深埋或集中烧毁，减少越冬害虫基数。② 春夏摘除卵块，捕杀幼虫。③ 清除落果，加强果园管理，合理灌排。④ 加强果树田间管理，科学施肥与修剪，培育健壮树体。

（2）药剂防治。① 在幼虫孵化盛期和低龄期，用80%敌百虫乳剂1 000倍液、80% 敌敌畏乳剂 1 000 倍液、拟除虫菊酯 1 500 倍液喷杀幼虫。② 用青虫菌等生物农药，以保护和利用天敌等。③ 利用性外激素诱杀雄蛾，减少虫卵量。使用其他药剂见潜叶蛾部分。

七、苹果舟形毛虫

1. 为害症状诊断识别

舟形毛虫又称苹果天社蛾，为鳞翅目舟蛾科掌舟蛾属的害虫，该虫几乎遍布全国各地。低龄幼虫尤其在 3 龄前群栖在叶片背面为害，头向外整齐地排成一排，由叶边缘向内取食为害，叶肉被吃掉后只剩下表皮和叶脉，受害叶片多呈网状；幼虫长大后分散为害，严重时会将整个叶片全部吃光，仅剩叶柄（图 2–26）。

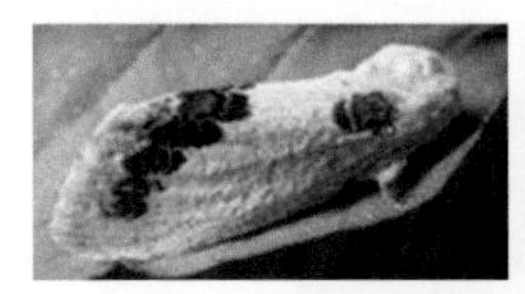
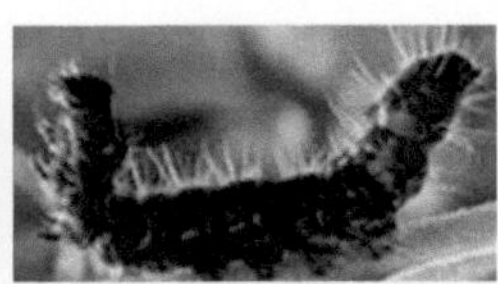
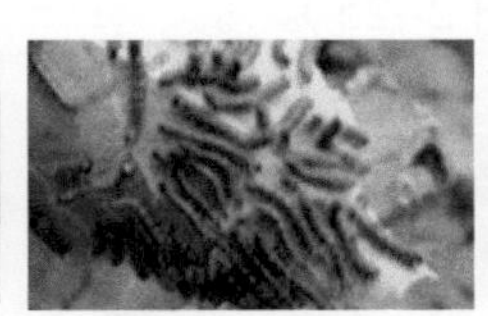

图 2–26　舟形毛虫

2. 防治措施

（1）农业防治。① 冬、春季结合树穴深翻松土挖蛹，集中收集处理，减少虫源基数。② 利用初孵幼虫的群集习性，可摘除虫叶人工捕杀，幼虫分散后，利用其受惊吐丝下坠的习性，人工震动树冠捕杀落地幼虫。③ 黑灯光诱杀成虫，因该类成虫具强烈的趋光习性，可在 7—8 月成虫羽化期设置黑光灯 + 糖醋液，诱杀成虫。④ 利用生物天敌防治，在产卵盛发期（7 月中下旬），释放赤眼蜂灭卵。

（2）药剂防治。① 低龄幼虫期喷施 20% 灭幼脲悬乳剂 1 000~1 500 倍液。② 喷施每毫升含活孢子 100 亿以上的 Bt 乳剂 500~1 000 倍液杀死较高龄的幼虫。③ 喷施 80% 敌敌畏乳油 1 000 倍液或 90% 晶体敌百虫 1 500 倍液或 20% 菊花乳油 2 000 倍液均有很好的防治效果。

八、苹果叶螨

1. 为害症状诊断识别

苹果红蜘蛛又名榆爪叶螨、全爪螨，属蛛形纲，蜱螨目，叶螨科，近年来发生面积逐渐扩大，北方果区受害较重。有的地区苹果红蜘蛛往往和山楂红蜘蛛一同发生，防治困难。红蜘蛛吸食叶片及初萌发芽的汁液。芽严重受害后不能继续萌发而死亡；受害叶片上最初出现很多的失绿小斑点，后扩大成片，以致全叶焦黄而脱落（图 2-27 至图 2-30）。

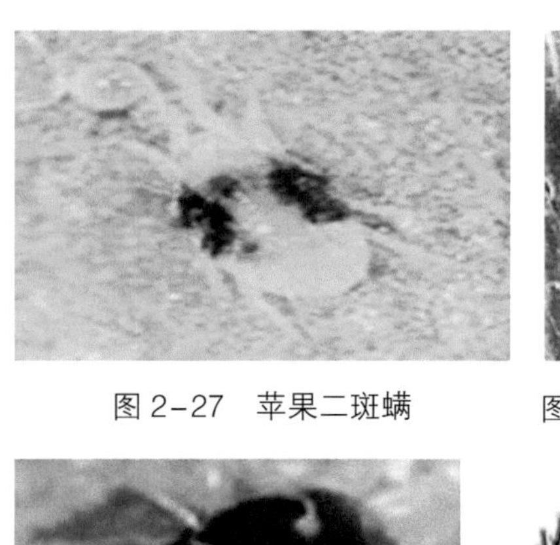

图 2-27　苹果二斑螨

图 2-28　苹果山楂叶螨

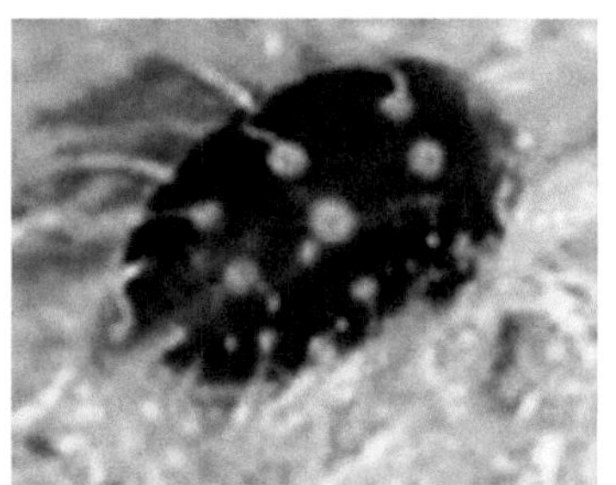

图 2-29　苹果全爪螨

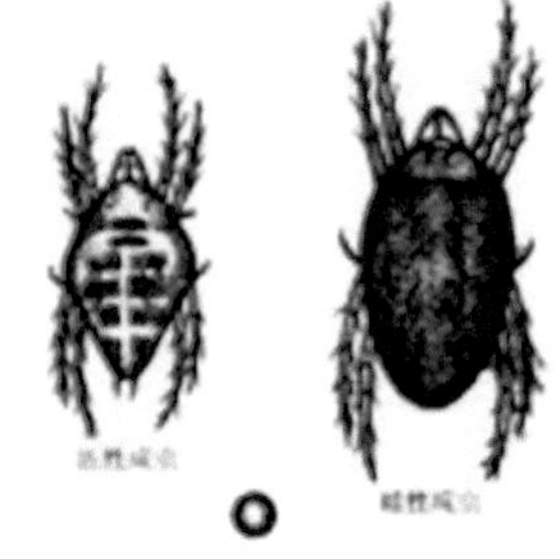

图 2-30　苹果叶螨雌雄成虫

2. 防治措施

（1）农业防治。① 越冬期间彻底刮除树干老翘皮，涂抹生石灰 + 食盐 + 杀螨剂混合液，以消灭越冬雌成虫及卵。② 及时消除果园田间，周边杂草，减少螨虫滋生场所。③ 利用天敌草蛉虫控制螨虫为害，据有关研究报道，全年释放草蛉虫卵 1 次，每株 1 000 粒，便能有效地控制红蜘蛛的发生与为害。

（2）药剂防治。① 在早春苹果树发芽前，用 20 号石油乳剂 20~40 倍液喷涂树干，或用 3~5 波美度的石硫合剂 300~500 倍液喷树干、或喷洒 5% 重柴油乳剂或 20 号柴油乳剂，消灭越冬卵。② 在开花前后为害期喷施 73% 克螨特乳剂 3 000~4 000 倍液，1.8% 阿维菌素乳油 2 000~3 000 倍液，或用 5% 唑螨酯悬浮剂 2 000~3 000 倍液，或用喹螨醚悬浮剂 4 000~5 000 倍液，或用 15% 噻螨酮乳油 2 000 倍液，或用 20% 哒螨酮乳油 1 500 倍液，或用 20% 哒螨灵 1 000 倍液等药剂防治，均可收到较好的防治效果，注意杀螨剂的交替使用，避免产生抗药性。

第三章 梨树病虫害

第一节　梨树病害

一、梨腐烂病

1. 为害症状诊断识别

梨树腐烂病又称臭皮病，主要为害梨树主干和主、侧枝，偶尔为害果实。感病症状有枝枯型与溃疡型两种，溃疡型腐烂：发病初期病部隆起呈湿腐状，红褐色至暗褐色，按压病部下陷并流出褐色汁液，病组织松软，易撕离，有酒精味。病斑失水干缩后凹陷，周边开裂其上散生小黑点（分生孢子），树皮潮湿时，从中涌出黄色丝状孢子角。枝枯型腐烂：病斑多发生于衰弱植株的小枝上，形状不规则，干腐状，无明显边缘，病斑扩大迅速，形成环切，引起树枝枯死。病部表面密生小黑点（分生孢子），潮湿时从中涌出黄色孢子角。果实症状：腐烂病菌偶尔通过伤口侵害果实，初期病斑圆形，褐色至红褐色软腐，后期中部散生黑色小粒点，并使全果腐烂（图 3-1）。

图 3-1　梨树腐烂病症状

2. 防治措施

（1）农业防治。① 加强栽培管理，合理施肥，培植健壮树势，提高抗病力，有效预防腐烂病的发生。② 彻底清除树上病枯枝及枯叶、修剪下的树枝，带出园外烧毁。③ 在冬季土壤封冻前树干涂白防冻，应用涂白剂（水 10 份，生石灰 3 份，硫黄粉 0.5 份，食盐 0.5 份，动植物油 0.05 份）涂树干防冻。要求主干涂完，主枝涂至距主干 50cm 处。

（2）药剂防治。① 梨树发芽前全树喷洒 40% 福美胂可湿性粉剂 100 倍液，或 30% 福美胂腐殖酸可湿性粉剂 80 倍液。② 树干涂药前要及时刮治病斑或割道涂药，可用 40% 福美胂可湿性粉剂 50 倍液或 30% 福美胂腐殖酸可湿性粉剂 20~40 倍液。秋季涂抹煤焦油保护剂。对新栽幼树可涂刷 843 康复剂 10 倍液或 5% 菌毒清水剂 100 倍液。③用靓果安 600 倍液（即取该产品 375mL，对水 200kg）、复配化学药剂碧康锌菌胺 600 倍液。或者冬季和早春发芽前，细致刮除树干上的病斑后用靓果安 50~100 倍液涂抹，病害严重时 7~10 天再涂抹 1 遍、或用 40% 福美胂 50 倍液 +30% 腐烂敌 30 倍液、或用 843 康复剂原液涂抹。

二、梨轮纹病

1. 为害症状诊断识别

梨树轮纹病主要为害枝干和果实，是梨树的主要病害之一。梨轮纹病菌和苹果轮纹病菌是同一种，可以互相侵染，严重时削弱树势，引起落果（图 3-2）。

2. 防治措施

（1）农业防治。① 加强栽培管理，注意氮、磷、钾肥的合理施用，增强树势，提高树体抗病能力。② 做好合理灌排、合理密植，使田间通风良好，尽量减少或避免叶面结露。③ 越冬休眠期彻底刮除树干、枝干上的病斑、老皮，结合防治腐烂病喷施 1 次护树将军。④ 彻底清除病残落叶及枯枝残体，集中烧毁或深埋，减少越冬病菌和浸染源。

（2）药剂防治。① 生长前期用新高脂膜 500 倍液结合针对性药剂进行喷施防止，抑制或杀死病源菌，提高农药防治效果。② 发芽前喷施 0.3%~0.5% 五氯酚钠和 3~5 波美度石硫合剂混合液，或用 40% 福美胂可湿性粉剂 100 倍液。③ 生长期防治，田间果实开始发病后，发现病果要及时摘除深埋，用靓果安 600 倍液（复配化学药剂碧康锌菌胺 600 倍液）连续防治 2~3 次，间隔 15~20 天，

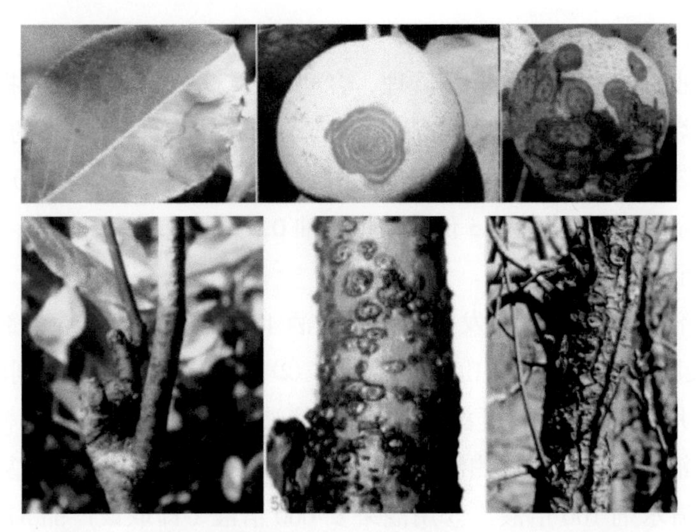

图 3-2 梨树轮纹病叶片、果实、枝条、树干感病症状

或者用 80% 代森锰锌可湿性粉剂 700 倍液，75% 百菌清 800 倍液，70% 甲基硫菌灵可湿性粉剂 800 倍液，50% 异菌脲可湿性粉剂 1 000 倍液防治。④ 果实贮藏、运输前，要严格剔除病果和有损伤的果实，用 50% 多菌灵杀菌消毒。

三、梨黑斑病

1. 为害症状诊断识别

梨黑斑病是梨树上主要的病害之一，我国各梨区普遍发生。主要为害果实、叶和新梢。果实受害，果面出现 1 个至数个黑色斑点，渐扩大，颜色变浅，形成浅褐至灰褐色圆形病斑，略凹陷。发病后期病果畸形、龟裂，裂缝可深达果心，果面和裂缝内产生黑霉，并常常引起落果。近成熟期果实染病，前期表现与幼果相似，但病斑较大、黑褐色，后期果肉软腐而脱落。叶部受害，幼叶先发病、初现褐至黑褐

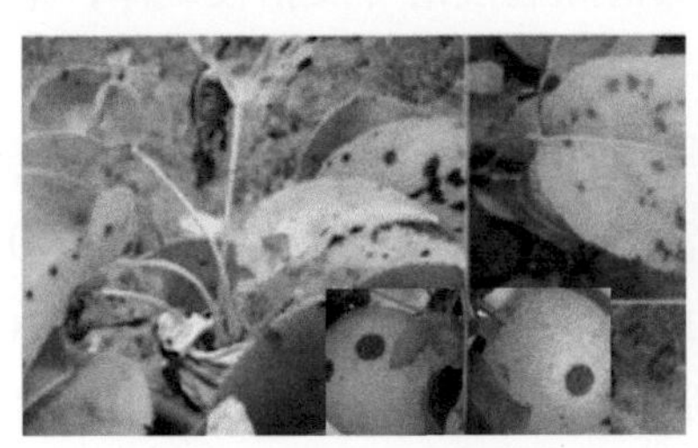

图 3-3 黑斑病症状

色圆形斑点，后逐渐扩大，形成近圆形或不规则形病斑，中心灰白至灰褐色，边缘黑褐色，有时有轮纹。感病严重的叶片焦枯、畸形，早期脱落。新梢感病受害，病斑圆形或椭圆形、纺锤形、淡褐色或黑褐色、略凹陷、易折断（图 3-3）。

2. 防治措施

（1）农业方法。① 选择栽植抗病强的品种，加强栽培管理，增施有机肥料，增强树势，提高树体抗病能力。② 及时清除病枯枝、病落叶，集中烧毁或深埋，消灭病菌源。③ 在发芽前，彻底刮除病瘤，清除病残组织，用“402”抗菌剂 50 倍液或 40% 福美胂可湿性粉剂 50 倍液消毒伤口，外涂复方煤焦油保护。④ 适时果实套袋，提高果品质量，减少病菌浸染。

（2）药剂防治。① 发芽前，刮除枝干粗皮之后，全树喷施 1 次波美 3~5 度石硫合剂混加五氯酚钠 300 倍混合液，可杀死树皮表层的潜伏病菌，减少初次侵染源。② 落花后至梅雨期结束前喷 1 : 2 : 200 倍式波尔多液，此后每隔半月施药一次，连续喷药 2~3 次。要求对枝干、叶片、果实等进行均匀细致的喷洒。选用 50% 多菌灵可湿性粉剂 1 000 倍液、50% 苯来特可湿性粉剂 1 000 倍液效果较好。50% 托布津可湿性粉剂 500 倍液次之。③对以前发病较重的梨园，发芽前需喷洒 45% 晶体石硫合剂 300 倍液或加入五氯酚钠 300 倍液、或用 70% 代森锰锌可湿性粉剂 500 倍液、或用 75% 百菌清可湿性粉剂 800 倍液、或用 50% 异菌脲可湿性粉剂 1 500 倍液，交替用药防效更佳。

四、梨干腐病

1. 为害症状诊断识别

梨树干腐病是梨树较严重的主要病害之一，主要为害梨树枝干和果实，病斑绕侧枝 1 周后，侧枝即枯死，病害浸染蔓延的速度较快。枝干染病，初期皮层出现褐色病斑，很少腐烂至木质部，质地较硬，当病斑扩展至枝干半圈以上时，其上部就会枯死。果实染病，果面产生轮纹斑，随后果实腐烂。苗木染病，树皮出现黑褐色长条状湿润病斑后，叶萎蔫，枝条枯死。后期病部失水凹陷，四周龟裂，其上密生黑色小粒点，即病菌的分生孢子器（图 3-4）。

2. 防治措施

（1）农业防治。① 结合冬、夏修剪，及时剪除病枝、病果，集中烧毁，消灭传播源。② 挂果树应确定合理负载量，加强肥水管理，增强树势，提高抗病

图 3-4　干腐病症状

能力。③ 密植园要注意修剪，特别是夏剪，增强下部枝叶光照强度。④ 刮除病斑，此病为害初期一般仅限于表层，应加强病害检查，及时刮治病斑。病部刮治后，使用溃腐灵原液进行涂抹。

（2）药剂防治。① 发芽前喷施溃腐灵 300 倍液 + 有机硅、或用 50% 异菌脲可湿性粉剂 1 500 倍液，并铲除潜伏侵染病菌源，预防发病。② 避免对梨树干、枝条造成各种机械伤口，若已造成伤口的要及时用溃腐灵原液进行涂药保护、或用“402”抗菌剂 50 倍液或 40% 福美胂可湿性粉剂 50 倍液消毒伤口，促进愈合，防止病菌侵入。③ 生长期间，发现树干树枝感病处及时用药防治，具体方法参看梨树腐烂病防治。

五、梨黑星病

1. 为害症状诊断识别

梨树黑星病又称疮痂病，是梨树主要病害，可为害所有幼嫩的绿色组织，以果实和叶片为主。果实发病，病部稍凹陷，木栓化，坚硬并龟裂，其上长黑霉。幼果受害为畸形果，成长期果实发病易畸形，有木栓化的黑星斑。叶片受害，沿叶脉扩展形成黑霉斑，严重时，整个叶片布满黑色霉层。叶柄、果梗感病症状相似，出现黑色椭圆形的凹陷斑，病部覆盖黑霉，缢缩，失水干枯，致叶片或果实早落。若叶片早落，果实感病，必然降低果品产量品质，使果园收入减少，甚至树势衰弱而毁园（图 3-5）。

2. 防治措施

（1）农业方法。① 消灭菌源，因病菌在病叶、病芽中越冬，冬前或早春应认真清理园中落叶、落果、铲除杂草。② 结合冬剪，剪除病梢，病枝、集中烧毁。③ 4 月中旬前后逐枝查找剪除病花序、病叶簇，收集深埋。④ 在梨芽膨大

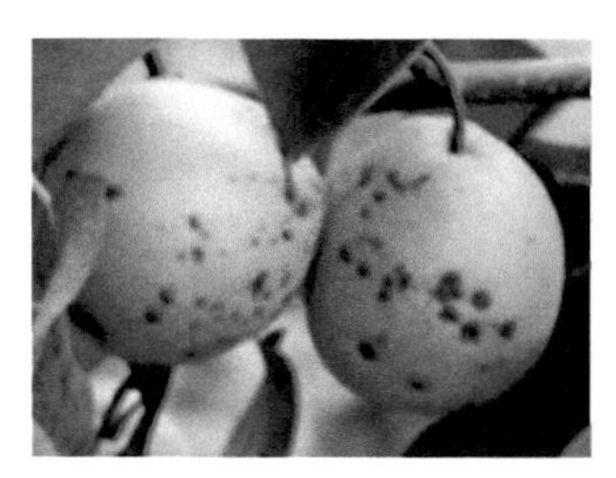

图 3-5　黑星病症状

期，掰病芽，病芽基部易生黑霉极易辨认。⑤ 加强田间肥水管理，保持树体内膛通风透光，生长期及时摘除病叶病果，选用或更新抗病耐病品种，适当栽植砀山酥梨、雪花梨、蜜梨等抗病品种。⑥ 套袋保果，减少感病概率。

（2）药剂防治。① 应注重定期喷药保护，如花后 10 天左右可喷 30% 绿得保胶悬剂 300~500 倍液、或用 50% 多菌灵可湿性粉剂 1 000 倍液、或用代森锰锌 1 000 倍液等。② 5 月下旬至 6 月上旬是保果关键期，如尚未见病叶、病果，可喷 1~2 次保护性药剂。用安泰生（丙森锌）70% 可湿性粉剂 800 倍液、或 70% 代森锰锌可湿性粉剂 1 000 倍液、或用 70% 甲基硫菌灵可湿性粉剂 1 000 倍液、或用 35% 保果灵胶悬剂 500~600 倍液等；如园内已见病叶、病果，应喷 1~2 次内吸性杀菌剂，用 43% 戊唑醇悬浮剂 3 000~4 000 倍液、或用 10% 烯唑醇乳油 2 000~2 500 倍液 + 害立平（农药增效剂）1 000 倍液。③雨季防治，自 6 月下旬起每 15~20 天喷 1 次药。可选喷 70% 安泰生可湿性粉剂 800 倍液、或用 30% 绿得保胶悬剂 400 倍液、或用 12.5% 烯唑醇可湿性粉剂 2 000 倍液、或用 75% 百菌清可湿性粉剂 800 倍液、或用 65% 代森锌可湿性粉剂 600 倍液等。为防雨水冲刷可加入适量展着剂稀释液或皮胶 3 000~4 000 倍液，可起增效作用。8 月中旬后为保果可喷保护剂，如用 40% 多菌灵胶悬剂 1 000 倍液、70% 甲基硫菌灵可湿粉 1 000 倍液等，且喷药要均匀周到。

六、梨白粉病

1. 为害症状诊断识别

梨树白粉病，主要为害叶片、嫩梢，多在秋季为害老叶。感病叶片背面产生圆形或不规则形的白粉斑，并逐渐扩大，直至全叶背布满白色粉状物，在白粉斑上会形成很多黄褐色小粒点，后变为黑色（闭囊壳）。发病严重时，造成早期落叶（图 3-6）。

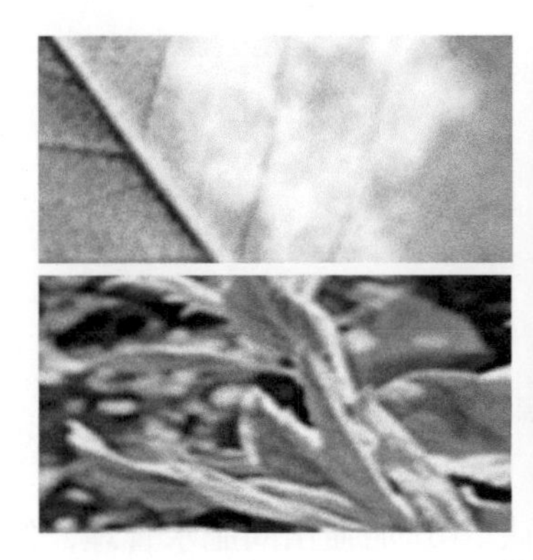

图 3-6　梨白粉病症状

2. 防治措施

（1）农业措施。① 清除病菌浸染源，秋季清扫落叶，消灭越冬菌源基数，结合冬季修剪，剪除病枝、病芽。② 早春果树发芽时，及时摘除病芽、病梢、病叶。③ 改善栽培管理，多施有机肥，防止偏施氮肥，使树冠通风透光良好。④ 筛选定植抗病品种或更新品种。

（2）药剂防治。在白粉病发生始期，选用 20% 三唑酮乳油 1 500~2 000 倍液、或用 12.5% 烯唑醇可湿粉剂 2 000~2 500 倍液、或用 25% 丙环唑乳油 1 500 倍液、或用 40% 福美胂可湿性粉剂 500~700 倍液喷雾防治。连用 2 次，间隔 10~15 天。注意：使用唑类药剂防治时，一定要注意使用的安全间隔期。不可加量和缩短间隔期使用，以免发生矮化效果。

七、梨叶斑病

1. 为害症状及为害诊断

梨树叶斑病主要为害叶片，叶片受害后，出现褐色小点，逐渐扩大成近圆形病斑，病部变灰白色，透过叶背，病斑直径一般为 2~5mm，比褐斑病的病斑小而规则，后期病部正面生出黑色小凸起，为梨叶斑病分生孢子器，病斑表层易剥落。黄淮流域一般在 6 月开始发病，7—8 月为发病盛期，条件适宜发病很快，多雨年份发病重，多雨季节发病快。长期降雨或有雾，气温在 21~26.5℃时最适合梨叶斑病的发病和流行。一般过量施用氮肥会使病情加重（图 3-7）。

2. 防治措施

（1）农业防治。① 做好清园工作，清除枯枝落叶、病果，并结合冬剪，剪除

 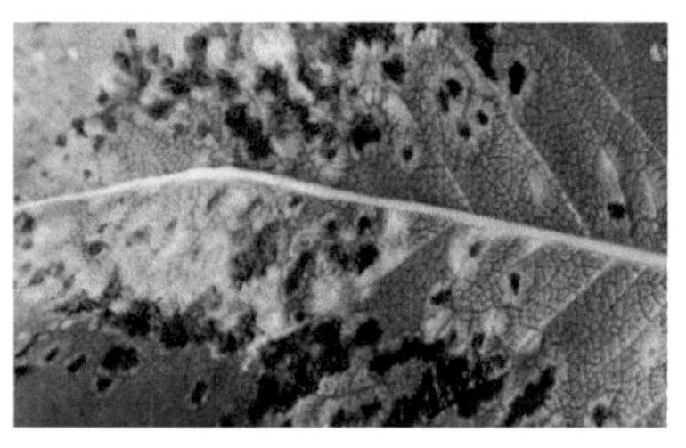

图 3-7　叶斑病症状

有病枝梢，集中烧毁。② 加强栽培管理，培育健壮树体，提高抗病能力。③ 使用促花王 2 号环割涂抹，促使梨树多开花、多坐果；同时，抑制抽条旺长，增强树体的抵抗力。④ 如发现病叶、病果及时摘除。

（2）药剂防治。① 发芽前喷洒 3~5 波美度石硫合剂、或用护树将军 1 000 倍液杀菌消毒，抑制病菌的扩散传播。② 在对果实套袋之前，喷洒新高脂膜 800 倍液，待果面干后即可套袋，能有效隔离病菌，防止病菌对果实的伤害。能有效提高果实的质量，防止裂果、畸形果的产生。③ 果树生长期喷洒壮蒂灵，可提高果实的膨大活力，增强果柄粗度和养分、水分运输能力和速度，从而提高果品质量和抗病能力。④ 在梨叶斑病发病前或雨季到来前喷药预防，可喷洒 50% 多菌灵可湿性粉剂 600~800 倍液或 70% 甲基硫菌灵可湿性粉剂 800~1 000 倍液。

八、梨炭疽病

1. 为害症状诊断识别

梨炭疽病主要为害果实及枝条、叶片。果实多在生长中后期发病。发病初期，果面出现淡褐色水渍状的小圆斑，以后病斑逐渐扩大，色泽加深，并且软腐下陷。病斑表面颜色深浅交错，具明显的同心轮纹。在病斑处表皮下，形成无数

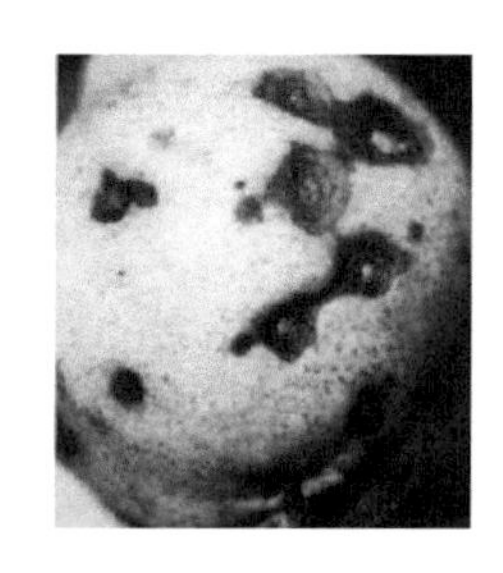 

图 3-8　炭疽病症状

小粒点，略隆起，初褐色，后变黑色（图 3–8）。

2. 防治措施

（1）农业防治。① 落叶及入冬后，彻底清除果园枯枝落叶及病残体。② 发病期，及时清除病株病枝残体，摘除病果、病叶。③ 田间做好通风降湿，特别是保护地栽植梨树时要重视通风换气，尽力减少或避免叶面长时间结露。④ 加强栽培管理，科学施肥、不偏施氮肥，适量增施磷、钾肥，多施有机肥，改良土壤，增强树势，培育健壮树体，提高果树自身抗病力。⑤ 适量灌水，阴雨天或下午不宜浇水，预防冻害。冬季结合修剪，把病菌的越冬场所，如干枯枝、病虫为害破伤枝及僵果等剪除，并烧毁。在梨树发芽前喷二氯萘醌 50 倍液，或 5%~10% 重柴油乳剂，或五氯酚钠 150 倍液。雨季及时排水，合理修剪，及时中耕除草。⑥ 果实采收后低温贮藏，建议在 3~10℃低温贮藏梨果可抑制病害发生。

（2）药剂防治。① 发病严重的地区，从 5 月下旬或 6 月初开始，每 15 天左右喷 1 次药，直到采收前 20 天止，连续喷 4~5 次。雨水多的年份，喷药间隔期缩短些，并适当增加次数。药剂可用 200 倍石灰过量式波尔多液、或用 50% 敌菌灵 500~600 倍液、或用 75% 百菌清 500 倍液、或用 65% 代森锌 500 倍液、或用 50% 多菌灵可湿性粉剂 1 000 倍液、或用 80% 代森锰锌可湿性粉剂 800 倍液或 50%代森锰锌可湿性粉剂 500~600 倍液等；治疗性杀菌剂有 70% 甲基硫菌灵可湿性粉剂 600 倍液或 75% 百菌清可湿性粉剂 600 倍液等。② 若果实套袋，在套袋之前最好喷 1 次 50% 退菌特可湿性粉剂 600~800 倍液。

九、梨青霉病

1. 为害症状诊断识别

梨树青霉病亦称帚形菌病，主要为害接近成熟果实和贮藏期果实，病斑近圆形，淡褐色，水渍状软腐，略凹陷，果实表面长出白色菌丝逐渐变成青绿色粉状物，严重的布满青绿色小瘤状真菌堆，即分生孢子梗和分生孢子。发病后 10 余天全果即可腐烂，病果有霉味（图 3–9）。

2. 防治措施

（1）农业防治。① 采收、分级、包装、装箱、贮运中做到轻拿轻放，尽量避免和防止造成各种伤口，对伤果、病果、虫果、畸形果要及时分拣和处理。② 清除菌源，减少侵染源基数和侵染概率，对存放场所如包装房、果筐、果库等严格

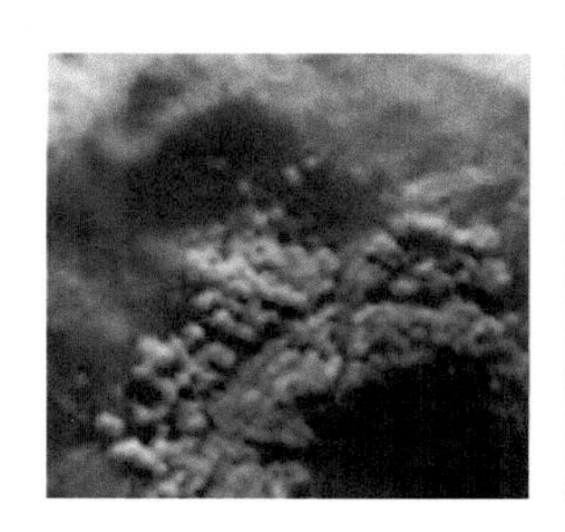
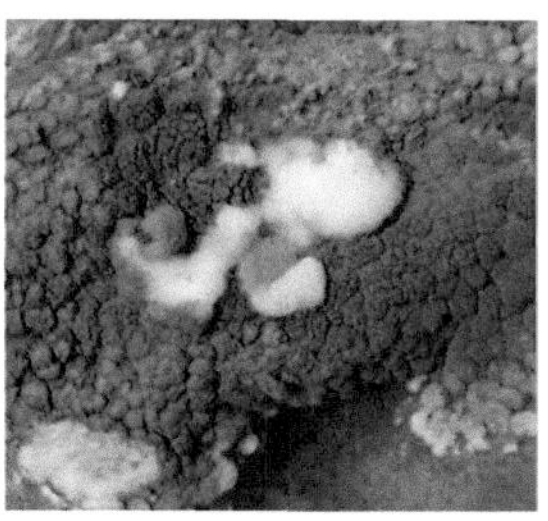

图 3-9　青霉病症状

消毒。消毒剂可用硫黄熏蒸、福尔马林或漂白粉等常规药剂及用量（10~30 倍喷洒）。③提倡采用气调控制贮藏温度为 0~3℃，二氧化碳浓度为 10%~15%。

（2）药剂处理。①生长后期，果实快要成熟时，喷施 80% 多菌灵可湿性粉剂 1 500 倍液、或用 50% 甲基硫菌灵乳剂 1 000 倍液、或用百菌清 800 倍液防治或预防各种病菌为害。②果实贮藏前用杀菌剂处理，选用抑霉唑 1 000~2 000 倍液、或用 50% 苯菌灵 500~1 000 倍液、或用 50% 甲基硫菌灵、50% 多菌灵可湿性粉剂 1 000 倍液、45% 噻菌灵悬浮剂 3 000~4 000 倍液等药液浸泡 5 分钟，然后再贮藏，有较好防效。

十、梨轮斑病

1. 为害症状诊断识别

梨轮斑病主要为害叶片，果实和枝条。叶片染病，开始现针尖大小黑点，后逐渐扩展为暗褐至暗黑色圆形或近圆形病斑，具明显轮纹。严重时，病斑连片引致叶片早落。新梢染病，病斑黑褐色，长椭圆斑，稍凹陷。果实染病形成圆形、黑色凹陷斑，也可引起果实早落。可引起树势衰弱，伤口较多的梨树易发病；树冠茂密；通风透光较差，地势低洼梨园发病重（图 3-10）。

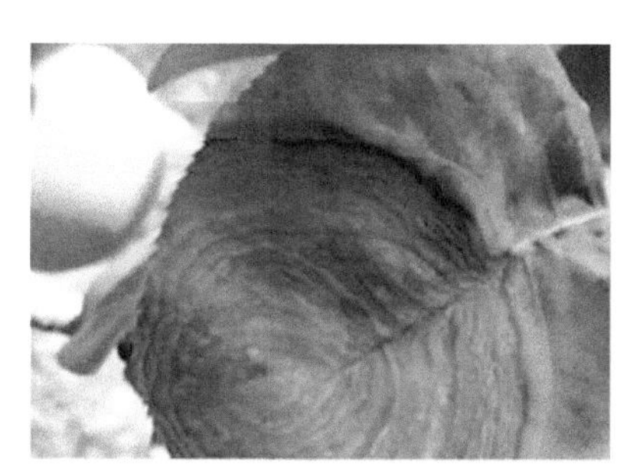
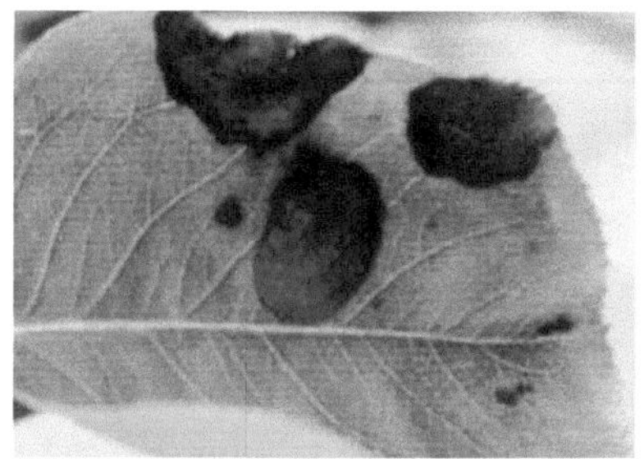

图 3-10　梨轮斑病为害症状

2. 防治措施

（1）农业防治。① 秋季扫清落叶，集中烧毁，或者深埋土中，减少越冬病源。② 加强肥水管理，增施有机肥，提高树体抗病力。③ 雨季注意排水，降低果园湿度，保持果园通风透光。

（2）药剂防治。① 发芽前喷洒 5 波美度石硫合剂。② 在发病初期喷洒 10% 多氧霉素可湿性粉剂 1 000 倍液、或用 50% 异菌脲可湿性粉剂 1 500 倍液，间隔 10~15 天后喷洒 1∶2∶200 波尔多液，需要混加杀虫剂时可改为 70%，代森锰锌可湿性粉剂 1 000 倍液。

十一、梨灰斑病

1. 为害症状诊断识别

梨灰斑病主要为害叶片，灰斑病多发生于生长中后期。叶片受害后，先在叶面出现褐色小点，逐渐扩大成近圆形病斑、淡灰色，后发展为不规则形，银灰色，病健交界处有一微隆起的褐色线纹。后期，病斑表面可散生许多小黑点。病部变灰白色，透过叶背，病部生出黑色小凸起，为灰斑病菌的孢子器，病斑表层易剥落，病斑直径一般比褐斑病的病斑小而规则（图 3–11）。

图 3–11　梨灰斑病症状

2. 防治措施

（1）农业防治。① 彻底清除落叶，集中烧毁或深埋，避免病菌越冬。② 加强栽培管理，增强树势，提高树体的抗病能力。

（2）药剂防治。发病严重果园，在 7—8 月喷药防治 1~2 次。有效药剂有 80% 代森锰锌可湿性粉剂 1 000~1 500 倍液 +50% 福美双可湿性粉剂 1 000 倍液、或用 70% 代森锰锌可湿性粉剂 800~1 200 倍液、50% 多菌灵可湿性粉剂或胶悬剂 800~1 000 倍液、25% 苯菌灵乳油 1 000~1 500 倍液、70% 甲基硫菌灵可湿性粉剂 1 000~1 200 倍液及 1∶2∶200 倍波尔多液等。

十二、梨霉污病

1. 为害症状诊断识别

梨霉污病主要为害果实、枝条，严重时也为害叶片。果实染病初有数个小黑斑，逐渐扩展连成大斑，菌丝着生于果实表面，个别菌丝侵入到果皮下层，在果面产生深褐色、黑色或黑灰色不规则煤烟状病（污）斑，边缘不明显，在果皮表面附着一层黑灰色霉状物。其上生小黑点是病菌分生孢子器，病斑初期颜色较淡，与健部分界不明显，后色泽逐渐加深，与健部界线明显起来。严重的可覆盖整个果面，一般用手擦不掉。新稍及叶面有时也产生霉污状斑，枝条染病也产生黑灰色霉状物。该病多是由于产地雨水较大、低洼潮湿、施药不科学，而形成的病害（图 3-12）。

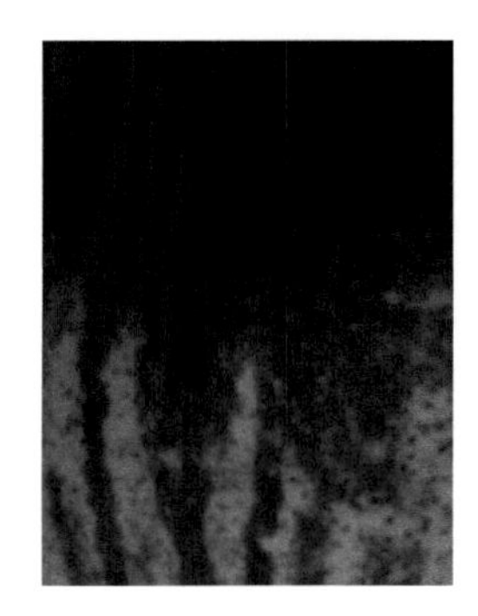

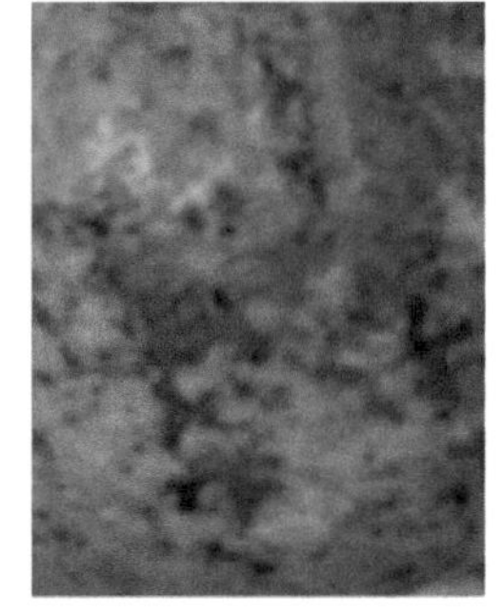

图 3-12　梨霉污病症状

2. 防治措施

（1）农业防治。① 剪除病枝，清扫落叶，捡拾病果，及时剪除病枝，集中烧毁，减少果园菌源。② 加强果园管理，修剪时疏掉徒长枝，使树膛开张，改善膛内通风透光条件，增强树势，提高抗病力。③ 注意雨后排涝，消除田间杂草，降低果园湿度。

（2）药剂防治。① 初期喷药保护，也可喷霉污喷施灵 2 000 倍液、或者 1∶2∶200 波尔多液。② 生长期间施药要选择在发病初期，喷洒 50% 甲基硫菌灵可湿性粉剂 600~800 倍液或 50% 多菌灵可湿性粉剂 600~800 倍液、或用 40% 多・硫悬浮剂 500~600 倍液、50% 苯菌灵可湿性粉剂 1 500 倍液、77% 可杀得微粒可湿性粉剂500倍液。间隔10天左右1次，共防2~3次，可取得良好防治效果。

十三、梨褐腐病

1. 为害症状诊断识别

梨树褐腐病在全国各梨区普遍发生，是梨树常见病害之一，主要为害果实，果实多在中后期－成熟期和贮藏期发生。树上果实受害，初为暗褐色病斑，逐渐扩大，短期时间（几天）可使全果腐烂，病斑上生黄褐色绒状颗粒成轮状排列，出现病果脱落腐烂，残留不脱落者形成黑褐色僵果、干缩。贮藏期间果实感病受害处浅褐色软腐，其上散生淡褐色或灰白色绒状菌丝体，呈轮纹状排列，后期全果布满菌丝体（图3-13）。

图3-13　梨褐腐病症状

2. 防治措施

（1）农业防治。① 做好清园工作，及早清扫落叶、清除病落果、僵果、集中烧毁或深埋，清园有效减少病源菌。② 加强梨园管理，增施腐殖酸钙、有机肥和绿肥，加强虫害防治，促使树势健壮，提高抗病力。③ 雨后注意园内排水，降低果园湿度，减少病害蔓延。④ 精心采收，轻拿轻放，以减少伤口和果实感病概率。⑤ 有条件的地区和果园提倡果实套袋，既提高果实品质，又减少病害。

（2）药剂防治。① 喷药保护 早春在梨树发芽前，3月中、下旬，结合梨锈病防治，喷施0.6%石灰倍量式波尔多液。② 当病害初发时，4月中下旬至5月上旬再喷施1次杀菌药液，药剂及浓度同上。防治褐斑病，一般喷药2~3次，即能达到良好的防治效果，其中喷药重点为落花后的1次。③ 果实成熟期喷施保绿（氨基酸络合铜）500 倍、或用 70% 的甲基硫菌灵 700~800 倍、或用 50% 多菌灵 600~800 倍等药剂并达到安全期后在采摘果实。④ 加强贮藏和运输期间的管理，果实采收、贮运时，应尽量避免造成伤口，减少病菌在贮运期间的侵染；发现病果，及时检出处理。做好入贮前的消毒工作，据报道，用 50% 果实保鲜剂 100~200 倍液浸果，防效较好。

十四、梨锈病

1. 为害症状诊断识别

梨树锈病简称梨锈病，是梨树上重要的、发生比较普遍病害之一，梨锈病主要为害叶片和新梢，严重时也为害幼果，严重年份病叶率达 60% 以上。叶片感病，初开始在叶正面发生橙黄色、有光泽的小斑点，数目不等，后逐渐扩大为近圆形的病斑，病斑中部橙黄色，边缘淡黄色，最外面有一层黄绿色的晕，表面密生橙黄色针头大的小粒点。天气潮湿时，其上溢出淡黄色黏液。黏液干燥后，小粒点变为黑色。病斑组织逐渐变肥厚，叶片背面隆起，正面微凹陷，在隆起部位长出灰黄色的毛状物。锈孢子器成熟后，先端破裂，散出黄褐色粉末。病斑以后逐渐变黑，病叶易脱落。梨树果锈病严重影响梨的质量，成为梨高产优质的为害之一（图 3-14）。

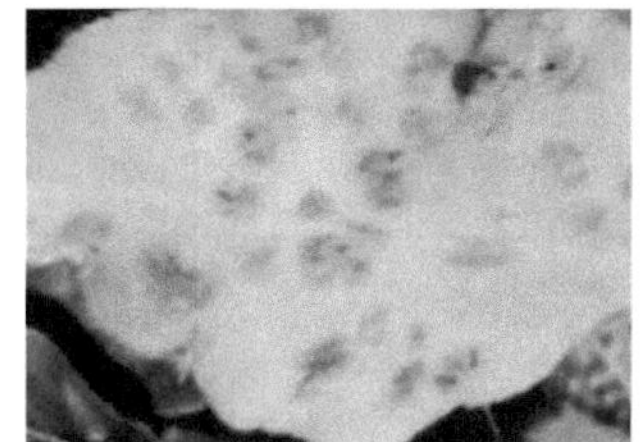

图 3-14　梨（果）锈病症状

2. 防治措施

（1）农业防治。① 幼果期是果锈发生的敏感时期，果实套袋能有效防止果锈病发生，最好在套袋前对果园喷洒 1 次新高脂膜，待果面药液干后在套袋。②加强栽培管理，在重施有机肥的基础上，依据叶分析、土壤分析，进行配方施肥。③ 精心疏花疏果，选留果形端正、色泽光洁、果柄粗且长、生长在枝条两侧并有叶片遮覆的幼果。④ 精心修剪，整形修剪时，要采用冬夏修剪相结合的灵活方法，剪后伤口要涂抹愈伤防腐膜，促进伤口愈合，谨防病菌进入伤口组织。

（2）药剂防治。① 防治最佳时期在 3 月上中旬（孢子形成期）或 7 月上旬（锈孢子传播盛期），用 20% 三唑酮乳油 1 000 倍液喷洒，可有效控制梨锈病的发生。② 生长期间可用 20% 三唑酮乳油 2 000 倍液，或用 15% 三唑酮可湿性粉剂 1 500 倍液、或用 1 : 2 :（160~200）波尔多液，或用 4% 农抗 120 水剂 600~800 倍液，或用 20% 萎锈灵悬乳剂 200 倍液，或用 12.5% 速保利可湿性粉剂 2 000~3 000 倍液。为兼治梨黑星病，可选用 12.5% 烯唑醇可湿性粉剂 1 500~2 000 倍液防治效果较佳。

十五、梨环纹花叶病

1. 为害症状诊断识别

梨环纹花叶病主要为害叶片，严重时也可为害果实。感病叶片常产生淡绿色或浅黄色环斑或线纹斑。发生无规律，有些病斑只发生在主脉或侧脉的周围。高度感病品种的病叶往往变形或卷缩。病斑偶尔也发生在果实上，但病果不变形，果肉组织也无明显损伤。有些品种无明显症状。或仅有淡绿色或黄绿棕色小斑点组成的轻微斑纹（图 3–15）。

图 3–15　梨树环纹花叶病症状

2. 防治措施

① 加强梨苗检疫，防止病毒扩散蔓延。② 栽培无病毒苗木，加强田间管理，培养健壮树体，提高抗病毒能力。③ 进行组织培养，繁殖无毒的单株苗木

（采用剪取在37℃恒温处下得2~3周生长出的新梢顶端部分，进行组织培养、分化）。④ 禁止在大树上高接繁殖无病毒新品种接穗，禁止用无病毒的梨接穗在未经检毒的梨树上进行高接繁殖或保存，以免受病毒侵染。⑤ 建立健全无病毒母本树的病毒检验和管理制度，防止病毒侵入和扩散，有条件建园用自育苗木。

第二节　梨树虫害

一、梨小食心虫

1. 症状诊断识别

梨小食心虫简称梨小，又名梨小蛀果蛾，为卷蛾科小食心虫属。该虫分布范围很广，全国各个梨产区都有发生，既为害果实，也为害新梢。幼虫蛀果多从萼洼处蛀入，直接蛀到果心，在蛀孔处有虫粪排出，被害果上有幼虫脱出的入果孔。幼虫蛀害嫩梢时，多从嫩梢顶端第三叶的叶柄基部蛀入，直至髓部，向下蛀食。蛀孔处有少量虫粪排出，蛀孔以上部分易萎蔫干枯（图3-16、图3-17）。

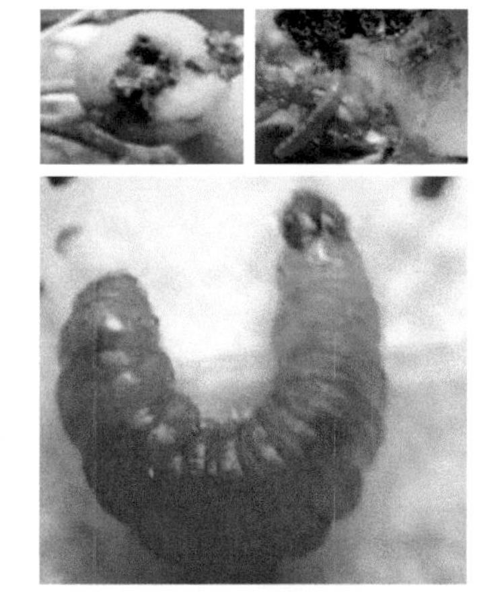

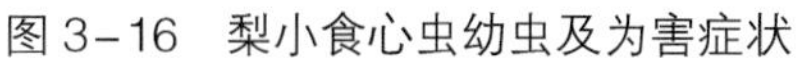

图3-16　梨小食心虫幼虫及为害症状

图3-17　梨小食心虫形态

2. 防治措施

（1）农业防治。① 冬季与早春多次刮老翘皮，消灭翘皮下和裂缝内越冬的幼虫。② 秋季幼虫越冬前，在树干基部绑草把，诱集越冬幼虫，入冬后或翌年早春解下烧掉，消灭其中越冬的幼虫。③ 春季发现果树新梢或果枝受害时，及时剪除被害枝梢，摘除被害叶、果深埋或烧掉，消灭其中的幼虫。④ 果实套袋是防止梨小食心虫为害的有效补充方法。⑤ 利用生物天敌——赤眼蜂治虫。成虫产卵初期和盛期分别释放赤眼蜂 1 次，每百平方米果园放蜂 4 500 头左右，能明显减轻为害。

（2）药剂防治。药剂防治适期是各代成虫产卵盛期和幼虫孵化盛期，重点防治第二、第三代幼虫。① 用梨小食心虫性外激素诱捕器监测成虫发生期，一般在成虫出现高峰后即可喷药。重发生年份可在成虫发生盛期前、后各喷 1 次药控制其为害。用 50%杀螟松乳油 1 000 倍液、或用 20%速灭杀丁乳油 3 000 倍液、或用 2.5%功夫菊酯乳油 3 000 倍液。② 在卵孵化盛期，幼虫蛀果前，可用 2.5% 溴氰菊酯乳油 2 500 倍液、或用 10% 氯氰菊酯 2 000 倍液及 40% 水胺硫磷 1 000 倍液、或 1.8% 阿维菌素 2 000~3 000 倍液均有较好防治效果，交替用药效果更佳。

二、梨桃小食心虫

1. 为害及症状诊断

梨桃小食心虫简称桃小，属果蛀蛾科小食心虫属的害虫。以幼虫蛀食桃、梨、苹果、枣、山楂、桃、李、梅、木瓜、海棠和枇杷等多种果树的果实，被害果实畸形，果内充满虫粪，由于该虫发生面广，为害品种多，果树受害程度重。是梨树的重要害虫之一（图 3–18、图 3–19）。

图 3–18　梨树上的桃小食心虫为害症状

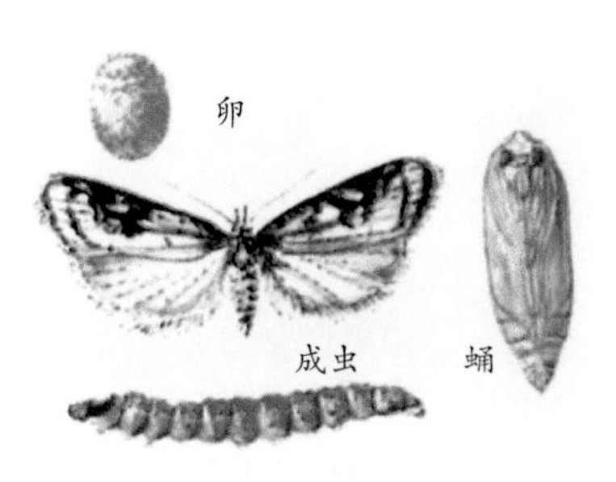

图 3–19　桃小食心虫形态

2. 防治措施

（1）农业防治。① 秋末冬初及时清理果园落叶、残枝，幼虫蛀果为害期间定期摘除虫果，平时发现被害落果及时销毁。② 果实套袋保护可有效降低果实受害率，减少田间虫源。③ 利用性引诱捕杀雄成虫，并可结合进行虫情预报。具体方法参阅梨小食心虫。

（2）药剂防治。① 地下防治：在越冬幼虫出土化蛹期间，于地面喷洒 40% 毒死蜱乳油或 25% 辛硫磷微胶囊剂 500~1 000 倍液。喷药前应将地面杂草除净，喷药后最好把地面土壤中耕一遍，以延长药效，20 天后依同样方法进行第二次处理。②树上防治：在卵果率达 1% 或卵孵化初期喷药防治，用 50% 杀螟松乳剂 1 000 倍液，或用 2.5% 敌杀死 2 000~3 000 倍液，或用 20% 杀灭菊酯乳剂 2 000~3 000 倍液等。③蛀果始期，用 40% 毒死蜱乳油 2 000~3 000 倍液、或用 20% 灭扫利乳油 3 000~4 000 倍液、或用 2.5% 溴氰菊酯乳油 3 000~4 000 倍液、或用 30% 桃小灵乳油 2 000 倍液喷洒。④准备贮藏的梨果，在采收前发现仍有此虫为害，可于采收前 15 天喷 80%敌敌畏乳油 1 000 倍液，兼治果实上的蚜虫。但喷过药的梨果不可立即食用。

三、梨木虱

1. 为害症状诊断识别

梨木虱属同翅目木虱科，以成虫、若虫刺吸幼芽、叶、嫩枝梢、果梗汁液，主要以若虫为害叶片，导致叶片卷缩、变黄、干枯，为害时分泌和排泄大量黏液，招致杂菌，给叶片造成直接为害、出现褐斑而造成早期落叶，同时，污染叶片和果实表面，受害果皮变黑粗糙，果面污染，影响品质。成虫分冬型和夏型，冬型体长 2.8~3.2mm，体褐至暗褐色，具黑褐色斑纹。夏型成虫体略小，黄绿色，翅上无斑纹，复眼黑色，胸背有 4 条红黄色或黄色纵条纹。卵长圆形，一端尖细，具一细柄。若虫扁椭圆形，浅绿色，复眼红色，翅芽淡黄色，突出在身体两侧（图 3-20）。

2. 防治措施

（1）农业防治。① 彻底清除果园中的枯枝落叶和杂草，刮老树皮、严冬浇冻水，消灭越冬成虫和卵块。② 田间发现病叶、嫩梢黄粉蚜较重的，可随时摘除消灭。

（2）药剂防治。① 在 2 月底至 3 月中旬越冬成虫出蛰产卵盛期喷洒菊酯类药剂 1 500~2 000 倍液，控制出蛰成虫基数。② 在梨树落花 95%左右（即第一代若虫较集中孵化期）是梨木虱防治的最关键时期。选用 10% 吡虫啉 2 000~4 000 倍液、或用 1.8%阿维菌素 2 000~4 000 倍液、或用 3.2% 阿维菌素 4 000~8 000 倍液，

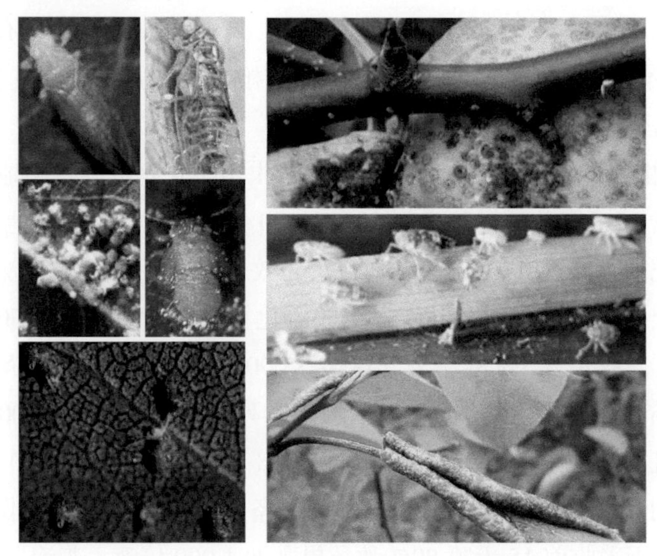

图 3-20　梨木虱各期形态及叶片为害症状

发生严重的梨园，可在上述药剂及浓度下，加入助杀或消解灵 1 000 倍液，有机硅等助剂，以提高药效。也可选用 24% 虫螨腈（除尽）1 500~2 500 倍液、或用 2.5% 高效氯氟氰菊酯 1 000~2 000 倍。③ 黄淮流域 5 月上中旬为 1 代成虫期，此时虫态单一，为当年防治梨木虱的最后一个关键时期。选用 30% 啶虫脒 5 000 倍液、或用 5% 阿维菌素 8 000 倍液、或用 70% 吡虫啉 6 000~8 000 倍液、或用 2.5% 高渗高效氯氰菊酯乳油 1 000~1 500 倍液、或用 2% 阿维菌素 2 000 倍液、或用 4% 阿维·啶虫脒 2 000 倍液、或用 20% 丁硫克百威等均有良好效果。

四、梨黄粉蚜

1. 为害症状诊断识别

梨黄粉蚜属同翅目根瘤蚜科，为多型性蚜虫，有干母、普通型、性母和有性型 4 种。干母、普通型、性母均为雌性，行孤雌卵生。该虫食性单一，仅为害梨和梨属果树，尚无发现其他寄主植物。以成虫和若虫群集在果实萼洼处为害繁殖，虫口密度大时，可布满整个果面。受害果萼洼处凹陷，以后变黑腐烂。后期形成龟裂的大黑疤。套袋果经常是果柄周围至胴部受害。也危害新稍、嫩叶、绿色枝条等，造成卷叶、失绿、干枯及蚜虫分泌物还引起果面、枝条、叶片烟煤病，受害严重的梨叶大多早期脱落（图 3-21）。

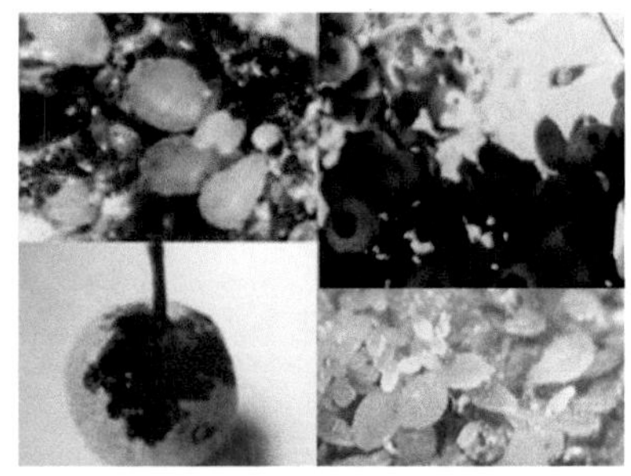

图 3-21　梨黄粉蚜形态

2. 防治措施

（1）农业防治。① 早春人工刮除粗树皮及清除残附物、病果，重视梨树修剪，增加通风透光，消灭越冬虫卵。② 梨芽萌动前树干喷 95%机油乳油 1 000 倍液杀虫卵。③ 果实套袋前彻底消灭蚜虫是关键，套袋时袋口一定要扎紧，以防蚜虫钻入袋中为害。

（2）药剂防治。① 梨果被害时可喷施 40% 氧化乐果乳油 1 500 倍液 +20% 灭扫利或来福灵乳油 8 000 倍液效果更好。② 6—7 月防治蚜虫不间断，应用 35%赛丹乳油（梨园防治黄粉蚜的首选药剂）1 000 倍液、或用 70%吡虫啉水分散粒剂（是防治蚜虫的特效药剂，低毒低残留，使用安全。在果实不套袋的情况下，可单独用来防治梨黄粉蚜。在果实套袋的情况下，需加入敌敌畏等熏蒸杀虫剂，有利于彻底消灭套袋中的梨黄粉蚜）8 000 倍液与 80%敌敌畏乳油 800 倍液混合药液，防治效果均在 95%以上。③ 准备贮藏的梨果，在采收前发现仍有此虫为害，可于采收前 15 天喷 80%敌敌畏乳油 1 000 倍液，消灭果实上的蚜虫。但喷过药的梨果，不可立即食用。

五、梨叶螨

1. 为害症状诊断识别

梨叶螨主要有苹果全爪满、山楂叶螨、苜蓿叶螨、二斑叶螨、梨叶锈螨是新发现的梨树严重害螨。均以成螨、若螨寄生于梨叶背主脉两侧吸取汁液为害，产卵繁殖（单卵、裸露），多产于叶背主脉两侧等，尤以山楂叶螨为优势种。主要为害叶片，受害叶片正面显黄色小斑点，很多斑点相连则出现大片黄斑或褐色斑，严重时全叶焦枯变褐，叶背面拉丝结网。防治不及时的果树叶片初呈黄色，后变褐红色，进而引发叶片枯焦，过早脱落，树势衰竭，如同火燎，群众称之为

“火烧、火串”（图 3-22）。

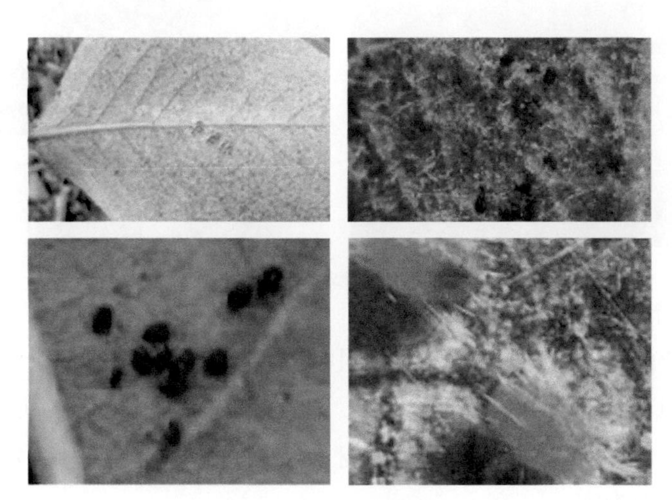

图 3-22　梨叶螨形态

2. 防治措施

（1）农业防治。① 入冬前细心刮树皮消灭越冬成螨。② 保护利用天敌，利用生态平衡法抑制红蜘蛛爆发——叶螨天敌有多种瓢虫、捕食螨、草蛉、花蝽、隐翅虫等。③ 果园树下行间不要种植易感红蜘蛛的作物，要铲除杂草，消灭红蜘蛛的寄主植物。

（2）药剂防治。① 抓越冬成螨出蛰盛期和末期喷药防治，这是防治关键时期，可喷 50%硫悬浮剂 200 倍液或波美 5 度石硫合剂，或用天王星、功夫菊酯等 2 000 倍液。产卵盛期可喷杀卵作用很高的螨死净或尼索朗等 2 000 倍液、或用灭扫利 2 000 倍液、或用水胺硫磷、双甲脒、螨克 1 500 倍液等和 0.3~0.5 波美度石硫合剂、硫悬乳剂等。② 发生叶螨比较严重时可选择 1.8% 阿维菌素乳油、或 25% 三唑锡可湿性粉剂、20% 哒螨灵可湿性粉剂、药后 10 天防效 98% 以上，也可考虑选用 0.6% 印楝素（植物源农药），最好几种药剂混合使用或者生产中应交替使用，减少害虫抗药性。

六、梨果象甲

1. 为害症状诊断识别

梨象甲又称梨虎、梨象鼻虫、朝鲜梨象甲、梨实象虫、梨果象甲，主要为害梨、苹果、山楂、杏、桃、李、梅、棉花等。以幼虫、成虫取食为害嫩枝、叶、花丛、幼果和果皮果肉，幼果受害重者常干萎脱落，不落者被害部位组织愈伤呈疮痂状，俗称“麻脸梨”，成虫产卵前后咬伤产卵果的果柄，致产卵果大多脱落。幼虫于果内蛀食，没脱落的产卵果，幼虫孵化后于果内蛀食多皱缩后脱落，不脱落者多成凹凸不平的畸形果（图 3–23）。

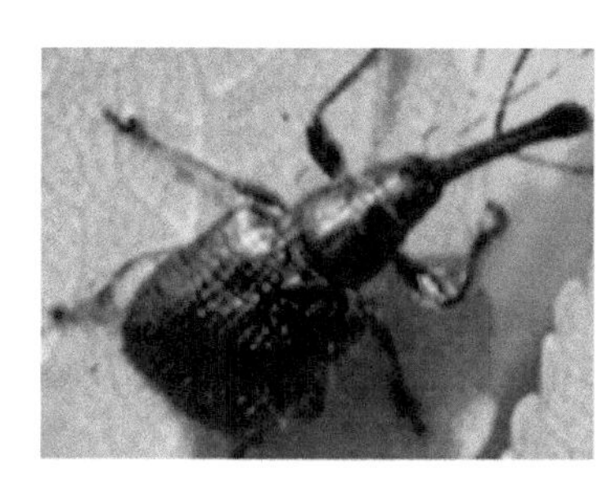

图 3–23　梨象甲成虫形态

2. 防治措施

（1）农业防治。① 成虫出土期清晨震树，下接布单捕杀成虫，每 5~7 天进行 1 次。② 及时捡拾落果，集中处理消灭其中的幼虫，6 月中旬至 7 月上中旬为产卵盛期，也是梨象甲为害造成落果的高峰时期。

（2）药剂防治。在产卵高峰期和幼虫孵化高峰期可用 20% 灭扫利、2.1% 阿维虫清、10% 吡虫啉等药剂（1 500~2 000 倍液）进行有效防治、或者用敌百虫、敌敌畏 1 000 倍液、或用 40% 氧化乐果乳油 1 000 倍液。

七、梨金龟子

1. 为害症状诊断识别

梨园常见的有铜绿金龟子、朝鲜黑金龟子、茶色金龟子、暗黑金龟子、黑绒金龟子、东北大黑鳃角、铜绿丽金龟子、苹毛金龟子、花潜金龟子、铜锣花金龟子、白星花金龟子等。金龟子属无脊椎动物，昆虫纲，鞘翅目，是一种杂食性害虫。除为害梨外、还为害苹果、桃、李、葡萄、柑橘、柳、桑、樟、女贞等林木（图 3–24）。

2. 防治措施

（1）农业防治。① 结合清园、施肥、耕翻等，破坏其越冬场所，杀死大量越冬虫源。② 根据金龟子日出或夜出习性，利用其假死性，在发生盛期及每天最活跃的时间里，组织人员集中抓捕，带出梨园统一销毁。③ 利用金龟子成虫

图 3-24　梨园金龟子形态

的趋光性，设置黑光灯 + 糖醋液诱杀成虫。④ 利用天敌或食物链抑制金龟子为害，如在梨园养鸡或成虫出土期，梨园放鸡，啄食金龟子成虫。⑤ 利用性诱剂、利用害虫的忌避性等诱杀或趋避该类虫（金龟子）为害。

（2）药剂防治。① 在梨树萌芽、花蕾、开花期是金龟子为害的关键时期，可喷洒 50% 辛硫磷 800 倍液、或用 10% 吡虫啉可湿性粉剂 2 000 倍液、或用 2.5% 溴氰菊酯 1 500 倍液或功夫 1 500 倍液。② 糖醋液诱杀，糖醋液能吸引多数金龟子，可于晴朗微风天气，于果树 1.6m 处枝干悬挂糖醋液诱杀瓶（以广口瓶为宜，每亩放置 20 个左右），内灌 10cm 左右糖醋诱杀液，配方为：红糖 1 份、醋 4 份、水 16 份，加少量敌敌畏，成虫为害盛期适当加挂。③ 在成虫发生期，可用 90% 晶体敌百虫 1 000~1 500 倍液，或用 50% 敌敌畏乳油 800~1 000 倍液，或用 20% 氰戊菊酯乳油 2 000 倍液喷洒防治。

第四章

葡萄病虫害

第一节　葡萄病害

一、葡萄霜霉病

1. 为害症状诊断识别

葡萄霜霉病是一种世界性的葡萄主要病害之一。病源菌为单轴霜霉，属鞭毛菌亚门。主要为害叶片，也能侵染新梢幼果等幼嫩组织。叶片被害，初生淡黄色水渍状边缘不清晰的小斑点为褐色不规则形或多角形病斑，数斑相连变成不规则形大斑，发病严重时，叶片焦枯早落，新梢生长不良，果实产量降低、品质变劣，植株抗寒性差。天气潮湿时，病斑背面产生白色霜霉状物不清晰的小斑点，以后逐渐扩大即病菌的孢囊梗和孢子囊（图 4-1）。

2. 防治措施

（1）农业防治。① 选择地势高，土壤肥沃，质地疏松，通风透光好且有良

图 4-1　葡萄霜霉病症状

好的排灌方便的地块建园。② 及时绑蔓、修枝、清除病残叶及行间杂草，加强田间管理及灌溉排水工作，提高植株抗病性。③ 冬季清园，剪除病枝，清扫枯枝落叶，集中烧毁。

（2）药剂防治。① 发病初期，选用3~5波美度的石硫合剂全园喷施，或用58%甲霜灵锰锌可湿性粉剂600~800倍液、或用65%福美锌可湿性粉剂600培液、或用90%乙膦铝可湿性粉剂600倍液、或用69%安克锰锌可湿性粉剂1 500倍液，每隔15~20天喷1次，连续2~3次。② 生长期间，以保叶为主，主要喷施1∶1∶200波尔多液+50%多菌灵可湿性粉剂800倍液为主、或喷施25%甲霜霉威可湿性粉剂600~800倍液、10%氰霜唑悬浮剂2 000~3 000倍液，或用20%苯醚甲环唑水分散粒剂1 500倍液，80%戊唑醇可湿性粉剂7 000倍液，25%丙环唑乳油2 000~3 000倍液等，还可兼治其他病害，为了提高防治效果，交替使用杀菌剂，避免病菌产生抗药性。

二、葡萄白腐病

1. 为害症状诊断识别

葡萄白腐病又称腐烂病，是葡萄生产过程中最常见的病害之一，主要为害果穗、穗轴、枝蔓、叶片和果粒。叶片感病，在叶片正面产生不规则形大小不一的褪绿色或黄色小板块，病斑正反面均可见有一层白色粉状物，严重时白色粉状物布满全叶，叶面不平，逐渐卷缩枯萎脱落。幼果、果穗受害，多发生在果实着色期，先从近地面的葡萄果穗尖端开始发病，葡萄穗轴和果柄染上白腐病后，产生淡褐色、水渍状、边缘不明显的病斑，进而病部皮层腐烂脱落。果粒受害，多从果柄处开始，而后迅速蔓延到果粒，是整个果粒呈淡褐色软腐，严重时全穗腐烂，病果极易受振脱落，重病果园地面落满一层。发病轻时果粒部分感病易产生白色小颗粒、个别腐烂，该病严重影响葡萄的产量和品质（图4–2）。

2. 防治措施

（1）农业措施。① 清除病原，在发病期间及时清除树上和地上的病穗、病粒和病叶等，集中深埋，减少再次侵染，秋季落叶后，彻底清除园内病枝、病叶、病果等病残组织，减少越冬病源菌基数。② 加强栽培管理，合理修剪，及时绑蔓、摘芯、除副梢和疏叶，创造通风透光环境，增施有机肥、叶面追肥，促使树体强健，提高抗病力。③ 对地面附近果穗进行套袋，可有效减少病菌侵染，

图 4-2　葡萄白腐病症状

提高果品质量。

（2）药剂防治。① 在早春葡萄发芽前树上、地面喷洒 3~5 波美度的石硫合剂或喷洒 50% 福美胂可湿性粉剂 300 倍液、或喷 5% 克菌丹可湿性粉剂 200 倍液，对消灭越冬病菌有良好效果，还兼治炭疽病、白粉病、霜霉病、褐斑病等。② 喷药保护，在展叶后结合防治黑痘病喷洒 50% 福美双可湿性粉剂 500~700 倍液、或用 50% 退菌特可湿性粉剂 800 倍液、或用 75% 百菌清可湿性粉剂 600~800 倍液，或用 20% 三唑酮乳油 2 000 倍液、80% 戊唑醇 6 000 倍液、12.5% 烯唑醇可湿性粉剂 2 000 倍液等均有很好的防治效果。

三、葡萄褐斑病

1. 为害症状诊断识别

葡萄褐斑病仅为害叶片，一般先出现在中部、下部叶片上，症状有大褐斑病和小褐斑病两种。大褐斑病初期在叶片表面产生许多近圆形、多角形或不规则形的褐色小斑点，以后病斑逐渐扩大，常融合成不规则形的大斑，直径可达 2cm 以上。病斑中部呈黑褐色，边缘褐色，病健部分界明显。病害发展到一定程度时，病叶干枯破裂而早期脱落，严重影响树势和翌年的产量。小褐斑病的病斑较小，直径 3mm 左右，大小较一致，呈深褐色，中部颜色稍浅，后期病斑背面长出一层明显的褐色霉状物（图 4-3）。

2. 防治方法

（1）农业防治。① 秋后结合清园，彻底清除果园落叶、残枝，集中烧毁，减少越冬菌源。② 加强栽培管理，改善通风透光条件，增施肥料，合理灌水，

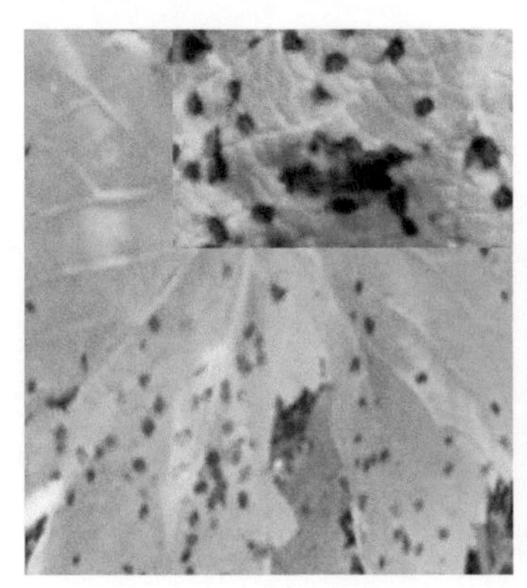
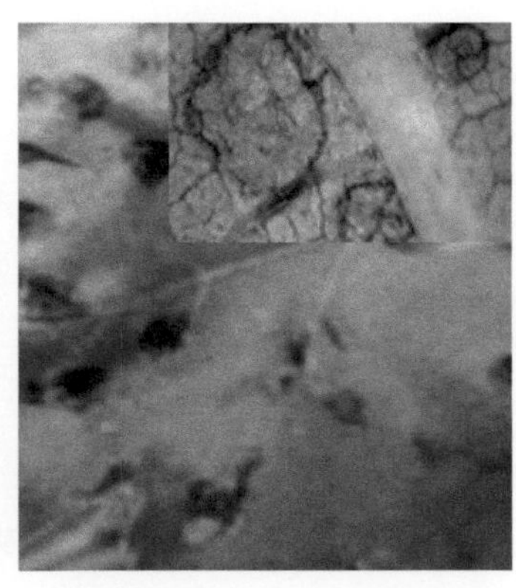

图 4–3　葡萄褐斑病症状

增强树势，提高抗病能力。

（2）药剂防治。① 发病初期，结合防治其他病害，喷洒 200 倍半量式波尔多液或 60%代森锌 500~600 倍液，每隔 10~15 天喷 1 次，连续喷 2~3 次。由于褐斑病一般从植株的下部叶片开始发生，逐渐向上蔓延，因此，第一、第二次喷药要着重喷洒植株的下部叶片。② 当发现有褐斑病发生时，可喷洒 25% 烯唑醇 3 000~4 000 倍液、或用 50% 多菌灵 600 倍液、或用 75% 甲基硫菌灵 1 000 倍液等杀菌剂防治。也可选用 10% 苯醚甲环唑水分散粒剂 1 500 倍液，16% 氟硅唑水剂 2 000~3 000 倍液。

四、葡萄黑腐病

1. 为害症状诊断识别

葡萄黑腐病在我国各葡萄产区都有发生，主要为害果实、叶片、叶柄和新梢等部位。近成熟果实染病，初呈紫褐色小斑点，逐渐扩大，边缘褐色，中央灰白色略凹陷，病部继续扩大，致果实软腐，干缩变为黑色或灰蓝色僵果，棱角明显，病果上布满清晰的小黑粒点即病菌的分生孢子器或子囊壳。 叶片染病叶脉间出现红褐色近圆形小斑，病斑扩大后中央灰白色，外部褐色，边缘黑色，上生许多黑色小粒点，沿病斑排列呈环状。新梢染病呈深褐色椭圆形微凹陷斑，其上也生许多黑色小粒点。该病症状与房枯病相似，房枯病主要为害果实，很少为害叶片。黑腐病除为害果实外，还为害新梢，叶片、卷须和叶柄等。病源菌为葡萄球座菌，属子囊菌亚门真菌。无性阶段称葡萄黑腐茎点霉，属半知菌亚门真菌（图 4–4）。

图 4-4　葡萄黑腐病症状

2. 防治措施

（1）农业防治。① 清除病残体，减少越冬菌源，结合其他病害防治，彻底做好秋冬季的修剪和清园工作，翻耕果园土壤，发病季节及时摘除并销毁病果，剪除病枝梢，减少田间再侵染。② 加强果园管理，在黑腐病流行地区，尽可能选用抗病品种，美洲多数品种、欧亚品种。③ 新建果园要严格检疫苗木，剔除病株，保证栽植的都是健壮无病株。④ 加强肥水管理，增施有机肥，及时铲除行间杂草，科学排灌，改善通风透光条件，控制结果量，增强树势。⑤ 果实进入着色期，用半透明纸袋套果穗隔离，有很好的防病作用。

（2）药剂防治。芽前喷施波美 3~5 度石硫合剂或用 45% 晶体石硫合剂 100~300 倍液。在开花前、谢花后和果实膨大期喷 1∶0.7∶200 倍式波尔多液，保护新梢、果实和叶片，一般在雨前喷药保护果实效果更好。也可喷 50% 多菌灵可湿性粉剂 600~800 倍液、或用 70% 甲基硫菌灵超微可湿性粉剂 1 000 倍液、或用 64% 恶霜灵锰锌可湿性粉剂 500~600 倍液、或用 40% 氟硅唑乳油 8 000 倍液、或用 25% 丙环唑乳油 5 000 倍液，或用 30% 苯醚甲・丙环乳油 5 000 倍液、或用 70% 代森锰锌可湿性粉剂 800 倍液、或用 50% 苯菌灵可湿性粉剂 500 倍液、或用 50% 混杀硫悬浮剂 500 倍液。隔 10~15 天喷 1 次，连续防治 2~3 次效果更佳，交替用药，能有效避免病菌抗药性。

五、葡萄炭疽病

1. 为害症状诊断识别

葡萄炭疽病又名晚腐病，在中国各葡萄产区发生普遍。病源菌为炭疽菌属胶孢炭疽菌、属半知菌亚门真菌。主要为害果实和叶片，特别是接近成熟的果实，在高温多雨的地方早春也可引起葡萄花穗腐烂。也侵害果梗和穗轴，近地面的果穗尖端果粒先发病。果实受害后，在果面上产生针头大小的褐色圆形小斑点，以后病斑逐渐扩大并凹陷，表面产生许多轮纹状排列的小黑点，即病菌的分生孢子盘。天气潮湿时涌出粉红色胶质的分生孢子团是其最明显的特征，严重时病斑可扩展到整个果面。后期感病果粒软腐脱落，或逐渐失水干缩成僵果。果梗及穗轴发病，产生暗褐色长圆形的凹陷病斑，严重时使全穗果粒干枯或脱落。后期感病果粒软腐脱落，或逐渐失水干缩成僵果（图 4–5）。

图 4–5　葡萄炭疽病症状

2. 防治措施

（1）农业方法。① 秋季彻底清除果园内的残枝落叶、病穗和病果，并及时集中烧毁，消灭越冬菌源。② 冬季结合修剪彻底清除葡萄架上面的病枝、病穗和病果，减少越冬菌源。③ 生产季节要加强栽培管理，及时摘芯、绑蔓和中耕除草，合理负载量，为植株创造良好的通风透光条件，同时，要注意合理排灌，降低果园湿度，减轻发病程度。④ 果穗套袋是防葡萄炭疽病的有效措施，且套袋时间宜早不宜晚，以防早期幼果的潜伏感染。果穗套袋除免于炭疽病的侵染还可减少农药污染概率，提高果品质量和价值。

（2）药剂防治。① 喷施速净 300 倍液，或用 50% 多菌灵 600 倍液具有良好预防该病菌的浸染。② 发病初期，用速净 600 倍液 + 大蒜油 1 500 倍液进行喷雾，连用 2 次，间隔 10~15 天。③ 发病中期，速净 600 倍液 + 大蒜油 1 500 倍液 + 内吸性药剂 25% 丙环唑乳油 3 000 倍液（或用 25% 溴菌清 1 000 倍液）进行喷雾。④ 后期防病，选用 20% 苯醚甲环唑水散 800~1 200 倍液，或用 80% 戊唑醇 6 000~9 000 倍液，25% 溴菌清 800~1 200 倍液，50% 咪鲜胺锰盐可湿性粉剂 800 倍液，25% 丙环唑乳油 3 000 倍液，10 天左右 1 次，连用 2~3 次，可有效控制该病情发生。

六、葡萄疮痂（黑痘）病

1. 为害症状诊断识别

葡萄黑痘病又名疮痂病、鸟眼病、蛤蟆眼、黑斑等，是葡萄的重要普发性病害，病源菌为子囊菌亚门真菌痂圆孢属。主要为害叶片、穗轴、果梗、卷须、新梢、果实等幼嫩部分。感病部位先产生红褐色斑点，周围有褪绿晕圈，后逐渐变成褐色斑点，病斑中部凹陷，呈灰白色，边缘呈暗紫色。感病重的叶片、嫩梢、卷须等扭曲、皱缩，幼果发病果面出现深褐色斑点、逐渐形成圆形斑点，四周紫褐色，中部灰白色，感病重的幼果畸形（图 4-6）。

图 4-6　葡萄疮痂（黑痘）病果实、茎蔓、叶片感病症状

2. 防治措施

（1）农业防治。① 选育抗病品种，利用品种间的抗病性差异大，选择园艺性状好、丰产优质而又抗病的优良品种，减轻病害，提高种植效益。② 结合冬季、夏季修剪，及时清除病梢、病果和摘除病叶，冬季修剪后要彻底清除枯枝落叶，集中烧毁，以减少病源，减轻病害。③ 加强植株管理，防止过多施用氮肥，合理增施磷、钾肥，增强树势，防止枝蔓徒长，提高抗病性。④ 合理调节葡萄架面枝蔓，使之分布均匀，具有通风透光良好的树体结构。

（2）药剂防治。① 落叶后至发芽前喷施波美3~5度石硫合剂+0.2%~0.3%五氯酚钠（PCP）杀菌剂，消灭越冬病源菌。② 苗木及插条消毒，新建葡萄园所用苗木、苗圃地所用插条都必须进行彻底的消毒后再定植、扦插。常用的药剂有50%多菌灵可湿性粉剂50倍液、或用10%~15%硫铵液和硫酸亚铁硫酸混合剂、3%~5%硫酸铜液、波美3~5度石硫合剂等。其方法是：将苗木或插条放在上述任何一种药液中浸泡3~5分钟后取出，再用清水冲洗即可。③ 在葡萄展叶至果实着色期防治，关键是开花前及谢花70%~80%时，药剂可用200倍半量式波尔多液、或用50%多菌灵可湿性粉剂800倍液、或用30%氧氯化铜杀菌剂800~1 000倍液、或用80%代森锰锌可湿性粉剂800倍液、或用5%菌毒清水剂1 000倍液。连喷2次，间隔10~15天喷1次。④ 生长后期可用50%退菌特800~1 000倍液、或用50%多菌灵1 000倍液，或用1∶0.5∶（200~240）倍式波尔多液或200倍等量式波尔多液，可兼治其他病害。

七、葡萄蔓枯（蔓割）病

1. 为害症状诊断识别

葡萄蔓割病（蔓枯病）主要为害枝蔓和新梢，尤其主蔓下部最易受害。枝蔓受侵染后，侵染部位呈现红褐色、稍凹陷不规则病斑，后期扩大呈梭形或椭圆形，病部腐烂变成暗褐色，重病枝蔓纵向开裂。病蔓植株生长衰弱，萌芽晚，节间短，叶片小、变黄并逐渐枯萎，有时枝蔓上产生许多气生根，严重时整株死亡。湿度大时病斑上产生分生孢子器并溢出白色或黄色丝状或胶状的孢子堆。新梢受害，初期产生暗褐色、不规则小斑，病斑扩大后，病组织由暗褐色变为黑色条斑或不规则大斑，后期皮层开裂，组织变硬、变脆（图4-7）。

图4-7　葡萄蔓割病症状

2. 防治措施

（1）农业防治。① 加强果园管理，增施有机肥，合理负载，促进树势健壮，增强树体的抗病能力。② 冬季适时埋土，加强防寒工作，避免发生冻害。③ 田间耕作时要细心，尽量避免造成根系和枝蔓伤口。④ 注意防治地下害虫、茎部蛀虫及根部病害，减少病菌侵入的机会。

（2）药剂防治。① 春季展叶期——花期是防病的关键时期，选用 14% 络氨铜水剂 350 倍液、或用 50% 琥胶肥酸铜可湿性粉剂 500 倍液、77% 氢氧化铜可湿性微粒粉剂 500 倍液，增强免疫力和抗病能力。② 发现重病斑的要及时将枝蔓剪除，多次使用溃腐灵原液扩大范围涂抹感病处或伤口，以保护植株不受再侵染。溃腐灵具有传导杀菌、营养复壮的作用，利用其与植物的亲和性，能够提高抗病能力，修复感病部位及伤口、患病组织。生物药剂靓果胺使用还能营养树体，提高免疫力和果实的口感。③ 定期喷洒 3~5 波美度石硫合剂或 45% 晶体石硫合剂 500 倍液、或者用 50% 多菌灵 600 倍液，或用 80% 代森锰锌可湿性粉剂 800 倍液，80% 乙蒜素乳油 2 500 倍液。辅助施用复合菌肥、生物微肥等进行灌根，提高树体的免疫力。

八、葡萄白粉病

1. 为害症状诊断识别

葡萄白粉病主要为害叶片、枝梢及果实等部位，以幼嫩组织最敏感。叶片受害，在叶表面产生不规则形大小不等的褪绿色或黄色小斑点，数个斑点连成大斑块，斑块正反面均可见覆有一层灰白色粉质霉状物，严重时会逐渐蔓延到整个叶片，叶面不平，严重时病叶卷缩枯萎脱落。新枝蔓、果梗及穗轴受害时，初呈现灰白色小斑，后扩展蔓延使全蔓发病，病蔓由灰白色变成睛灰色，最后变黑色。果实受害，先在果粒表面产生一层灰白色粉状霉，擦去白粉，表皮呈现褐色花纹，最后表皮细胞变为暗褐色（图 4–8）。

2. 防治措施

（1）农业防治。① 秋末彻底清除病叶、病果、病枝，集中烧毁或深埋。② 在生长期要及时摘芯、绑蔓、除副梢，改善通风透光条件。③ 雨季注意排水防涝，叶面喷施磷酸二氢钾和根施复合肥，增强树势，提高抗病力。

（2）药剂防治。① 在发芽前喷施速净 300 倍液、或者用 3~5 波美度石硫合

图 4-8　葡萄白粉病叶片受害症状

剂杀菌，用药次数根据发病情况灵活掌握，一般间隔期 7~10 天喷施 1 次，连续喷施 2 次效果更佳。② 发病初期，使用速净 300 倍液 + 大蒜油 1 000 倍液混合喷施，间隔 7~10 天，连续喷施 2 次即可控制病情。③ 生长期间，喷施 0.2~0.5 波美度石硫合剂，或用 50% 托布津 500 倍液，或用 70% 甲基硫菌灵 1 000 倍液，或用 80% 戊唑醇可湿性粉剂 6 000~8 000 倍液，或用 40% 氟硅唑乳油 6 000~8 000 倍液，或用 25% 丙环唑乳油 2 000~3 000 倍液，或用 25% 三唑酮可湿性粉剂 1 000 倍液防治白粉病，最好轮换交替用药，提高防治效果。

九、葡萄粒枯病

1. 症状及为害诊断

葡萄粒枯病又称房枯病、轴枯病、穗枯病。全国各葡萄产区均有发生，是引起果实腐烂的主要病害之一，主要为害果梗、果粒和果穗，也可为害叶片。果梗先发病，变褐干枯，缢缩。感病果面产生稀疏的小黑点，果粒先端失水、萎缩，出现不规则褐色病斑，逐渐扩大到全果且变为紫黑色，干缩成僵果。果穗受害，先在果梗基部或接近果粒处出现淡褐色病斑，以后逐渐扩大，并蔓延到果穗上，引起穗部发病。当病斑绕果梗缢缩干枯时，果粒因失水而萎缩，出现不规则病斑，后扩展到整个果粒变为黑褐色（黑色）粒点，潮湿时涌出灰白色卷曲的孢子，脱落或干缩成僵果悬挂在树上不易脱落。叶片发病时出现灰白色、圆形病斑。粒枯病的病原是葡萄囊孢壳菌，属子囊菌亚门真菌（图 4-9）。

2. 防治措施

（1）农业方法。① 加强果园管理，注意平衡施肥，应施入腐熟的有机肥，防止病菌通过有机肥传播，促树体健壮，提高抗病能力。② 保持葡萄园田间、

图 4-9　葡萄粒枯病症状

设施栽培葡萄大棚内的适宜温湿度。③ 秋末冬初及时清除园中病枝病叶病果病穗、杂草，减少病源菌基数。④ 栽植苗木前应该彻底消毒，繁殖苗木的要对砧木及接穗进行严格消毒，防止病菌的传播蔓延。

（2）药剂防治。① 在葡萄落花后喷洒 1 次药剂，以后每间隔 10~15 天喷洒 1 次，连喷 3~5 次效果更佳。常用药剂是 1∶0.7∶200 倍式波尔多液。② 发病初期开始施药，施药间隔 7~10 天，视病情连续防治 2~3 次。药剂选用 75% 百菌清可湿性粉剂 600 倍液，或用 80% 代森锰锌可湿性粉剂 800 倍液，或用 10% 苯醚甲环唑水分散粒剂 1 500 倍液，或用 40% 氟硅唑乳油 6 000~8 000 倍液，或用 5% 井冈霉素水剂 1 500 倍液，或用 20% 甲基立枯磷乳剂 1 200 倍液，或用 80% 乙蒜素乳油 2 500 倍液，适时适量进行喷雾。

十、葡萄灰霉病

1. 为害症状诊断识别

葡萄灰霉病又称“灰腐病”“烂花穗”，病源菌为灰葡萄孢。葡萄灰霉病是一种比较普遍的病害，也是贮藏期易发生的病害之一。主要为害花序、幼果和已成熟的果实，有时亦可为害新稍、叶片和果穗。花序、幼果感病，先在花梗和小果梗或穗轴上产生淡褐色、水浸状病斑，似热水烫状，后病斑变暗褐色并软腐，空气潮湿时，病斑上可产生鼠灰色霉状物，即病源菌的分生孢子梗与分生孢子。新梢及幼叶感病，产生淡褐色或红褐色、不规则的病斑，病斑多在靠近叶脉处发生，叶片上有时出现不太明显的轮纹，后期空气潮湿时病斑上也可出现灰色霉层。不充实的新梢在生长季节后期发病，皮部呈漂白色，有黑色菌核或形成孢子的灰色菌丝块。果实上浆后感病，果面上出现褐色凹陷病斑，扩展后，整个果实腐烂，并先在果皮裂缝处产生灰色孢子堆，后蔓延到整个果实，长出灰色霉层（图 4-10）。

图 4-10　葡萄灰霉病症状

2. 防治措施

（1）农业防治。① 加强生长期内的枝蔓整绑、疏花疏果、掐心、去副梢及修整果穗等各项技术管理，冬季要精心修剪，剪净病枝蔓、病果穗及病卷须、彻底清除于室（棚）外烧毁或深埋，降低病源菌基数。② 冬季结合改土、扩穴，清扫落叶，增施有机肥，把落叶、杂草和表层土壤与有机肥料掺混、深埋于施肥沟内。③ 选用无滴消雾膜做设施栽培的外覆盖材料，设施内地面应全面积地膜覆盖，降低室（棚）内湿度，抑制病菌孢子萌发，减少侵染。④ 合理负载量，促根保叶，增强树势，提高抗性，降低发病率。⑤ 果穗套袋，有效减轻该病菌对果穗的为害，套袋前喷施 1 次保护剂，提高果品质量。

（2）药剂防治。① 抽芽前喷施 1 次 3~5 波美度石硫合剂或 40% 腐霉利可湿性粉剂 600 倍液，彻底杀灭越冬病源菌。② 生长期间，每 15~20 天，喷施 1 次半量式波尔多液，保护好叶片与树体。③ 根据病情选用高效、低残留、无毒或低毒杀菌剂。如用 40% 嘧霉胺悬浮剂 800~1 000 倍液，或用 50% 代森锰锌可湿性粉剂 500 倍液、或用 80% 喷克可湿性粉剂 800 倍液、或用 80% 甲基硫菌灵可湿性粉剂 1 000 倍液、或用 72% 克露可湿性粉剂 700~800 倍液、或用 75% 百菌清可湿性粉剂 600~800 倍液、或用 50% 退菌特可湿性粉剂 600~800 倍液、或用 80% 炭疽福美可湿性粉剂 600 倍液、或用 50% 多菌灵可湿性粉剂 800 倍液等。为提高防治效果喷洒非碱性药液时，可加入“天达 2116” 600 倍液。提倡药剂轮换使用，减少抗耐药性。

十一、葡萄扇叶病

1. 为害症状诊断识别

葡萄扇叶病又称退化病。在我国发生普遍，其症状因病毒株系不同分 3 种类型：一是传染性变型或称扇叶，系由变型病毒株系引起的，植株矮化或生长衰弱，叶片变形，不对称，呈环状或扭曲皱缩，叶缘锯齿尖锐。叶变型有时出现斑驳；新梢染病，分枝异常、双芽、节间极短或长短不等；果穗染病，果穗少且小，果粒小，坐果不良。二是黄化型，由产生黄色素病毒株系引起的。病株早春呈现铬黄色褪色，致叶色改变，现散生的斑点、环斑、条斑等褪绿斑驳，严重的全叶黄化。三是镶脉症状或脉带型，多发生在夏季初期和中期，发病时沿叶脉形成淡绿色或黄色带状斑纹，但叶片不变形，传统认为是由产生色素的病毒株系引起。扇叶病的病原是葡萄扇叶病病毒，扇叶病在田间经土壤线虫传播，为线虫传多面体病毒属，目前已知有 3 个致毒株系，即扇叶株系、黄色花叶株系和镶脉株系（图 4-11）。

图 4-11　葡萄扇叶病症状

2. 防治措施

（1）农业防治。① 加强检疫，培育无病毒木本树，繁殖和栽培无病毒苗木，新建葡萄园，必须从无病毒病的地区引进苗木或繁殖材料。② 茎尖培养脱毒苗木或材料，对于已感染或怀疑感染病毒的苗木，及早拔除更新无毒苗，减少病毒源。③ 合理施肥，细心修剪、摘梢和绑蔓，增强树体抗病力，减少和防止田间传播，嫁接时要挑选无病的接穗或砧木。

（2）药剂防治：① 做好土壤消毒，治虫防病，可使用5%克线磷颗粒剂浸根，处理浓度为100~400mL（有效成分）/L，浸5~30分钟。也可在播种育苗时，条施或点施，亩用量为0.5~3kg。此外也可用溴甲烷、棉隆等处理土壤，每亩30kg，都有灭线虫减少田间传毒作用。② 及时防治各种虫害，尤其是可能传毒的昆虫如叶蝉、蚜虫等，可用10%吡虫啉可湿性粉剂1 000倍液、或用50%抗蚜威可湿性粉剂1 500倍液、或20%杀灭菊酯、溴氰菊酯等1 500~2 000倍液防治，均可有效减少该病毒的传播机会。

第二节　葡萄虫害

一、葡萄根瘤蚜

1. 为害症状诊断识别

葡萄根瘤蚜是一种世界性的检疫对象，对葡萄生产造成毁灭性的为害，根瘤蚜分为根瘤型和叶瘿型，我国发现的多为根瘤型。根瘤蚜它既为害叶部也能为害根部，叶部受害在叶背后形成许多粒状虫瘿，称为“叶瘿型”，根部受害，以新生须根为主，也可为害主根，为害症状在须根的端部形成小米粒大小，呈菱形的瘤状结，在主根上形成较大的瘤状突起，称为“根瘤型”，根瘤蚜属同翅目瘤蚜科（图4-12、图4-13）。

图4-12　葡萄根瘤蚜若、成虫及根部症状

图4-13　葡萄根瘤蚜叶瘿型症状

2. 防治措施

（1）农业防治。① 加强检疫检验，严禁从疫区调苗，据相关资料报道，葡萄根瘤蚜唯一的传播途径是苗木，在检疫苗木时要特别注意根系及所带泥土有无蚜卵、若虫和成虫，一旦发现，立即就地销毁。② 选用抗根瘤蚜的砧木如 SO_4、5BB 等进行嫁接育苗栽培是唯一有效的防治措施。

（2）药剂防治。① 建园时做好苗木的严格消毒，方法是将苗木和枝条用 50% 辛硫磷 1 500 倍液或 80% 敌敌畏乳剂 1 000~15 00 倍液浸泡 10~15 分钟。② 土壤处理，对有根瘤蚜的葡萄园或苗圃，可用二硫化碳灌注。方法是在葡萄根茎周围 25cm 处，每平方米打孔 8~9 个，深 10~15cm，春季每孔注入药液 6~8g，夏季每孔注入 4~6g，效果较好，还可以用 50% 辛硫磷 500g 拌入 50kg 细土，每亩（1 亩 ≈ 667m^2。下同）用药土 25kg，于 15：00—16：00 施药，随即翻入土内。注意在花期和采收期不能使用，以免产生药害。

二、葡萄短须螨

1. 为害症状诊断识别

葡萄短须螨又称葡萄红蜘蛛。属于蜱螨目细须螨科。是我国各葡萄产区重要的害虫之一，以幼虫、若虫、成虫为害新梢、叶片、叶柄、果梗、穗梗及果实。新梢基部受害时，表皮产生褐色颗粒状突起。叶柄被害状与新梢相同。叶片被害，叶脉两侧呈褐锈斑，严重时叶片失绿变黄，枯焦脱落。果梗、穗梗被害后由褐色变成黑色，脆而易落。果粒被害前期呈浅褐色锈斑，果面粗糙硬化，有时从果蒂向下纵裂。后期受害时成熟果实色泽和含糖量降低，对葡萄产量和质量有很大影响（图 4-14）。

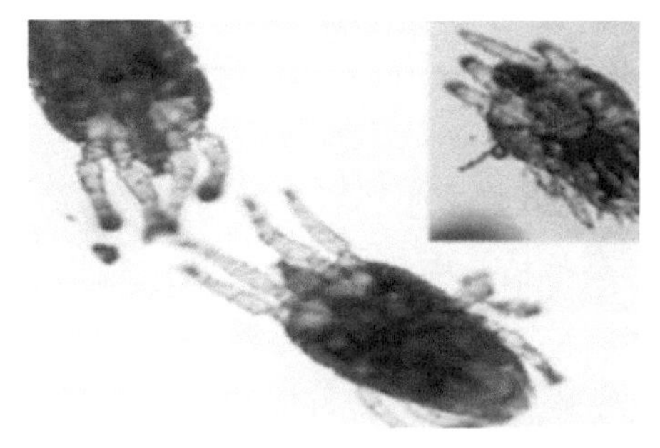
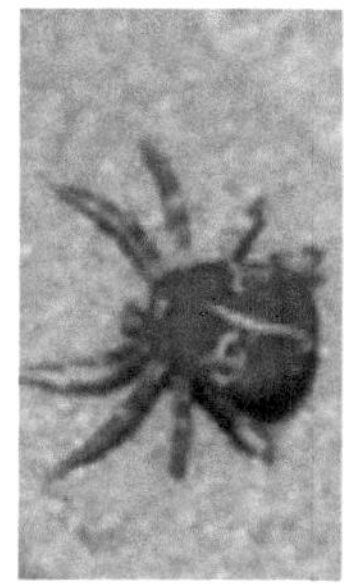
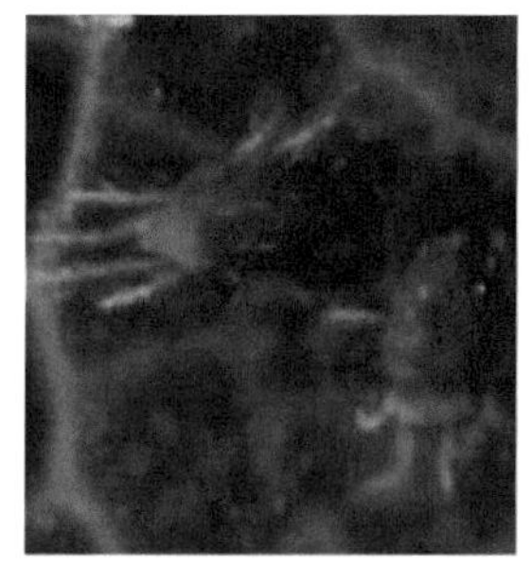

图 4-14 葡萄短须螨形态

2. 防治措施

（1）农业防治。① 入冬防寒前，剥除老树皮烧毁，主蔓基部涂白（生石灰、盐、杀菌杀虫剂按常规量混配使用），消灭越冬雌成虫。② 随时发现随时摘除病梢、病叶、病果等，消灭或减少传播技术。

（2）药剂防治。① 在春季冬芽萌动时，喷布 3~5 波美度石硫合剂 +0.3% 洗衣粉。② 7—8 月虫口密度大，要用阿维菌素、哒螨灵、螺螨酯等喷洒、或 1∶0.7∶250 的波尔多液 +0.5% 硫酸锌肥。

三、葡萄二星叶蝉

1. 为害症状诊断识别

葡萄二星叶蝉又称葡萄小叶蝉、葡萄浮沉子、葡萄斑叶蝉，为半翅目（同翅目）叶蝉科，属葡萄园常见害虫之一，我国各葡萄产区均有发生。以成虫、若虫在叶片背面吸食汁液，被害叶面呈现小白斑点，严重时叶色苍白，以致焦枯脱落（图 4-15）。

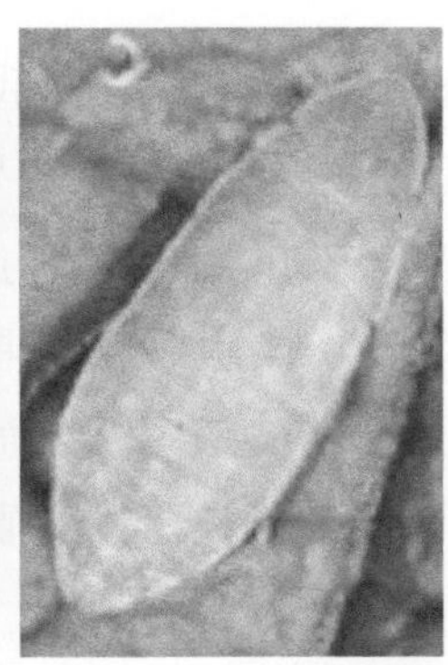

图 4-15　葡萄二星叶蝉成虫、幼虫、若虫形态

2. 防治措施

（1）农业防治。① 清除杂草、落叶、减少叶蝉寄生场所，翻地消灭越冬虫。② 生长季节加强栽培管理，及时摘芯、绑蔓整枝、中耕、锄草、摘除副梢，保持良好的风光条件。

（2）药剂防治。第一代若虫发生期比较整齐，应掌握好时机，有利提高防治效果，常用农药有 40% 毒死蜱乳油 3 000 倍液，或用 50% 辛硫磷乳油、50%

马拉硫磷乳油、50% 杀螟硫磷乳油等 2 000 倍液喷雾。也可选用吡虫啉、甲氰菊酯、溴氰菊酯、高效氯氰菊酯等药剂按说明用量和浓度喷雾。

四、葡萄虎天牛

1. 为害症状诊断识别

葡萄虎天牛又名葡萄枝天牛、葡萄天牛等。是近年来为害葡萄较重的一种害虫，主要为害葡萄枝蔓，其成虫也咬食葡萄叶和芽等，初孵幼虫多在芽附近蛀食入皮下，被害处变为黑色；后长大蛀入木质部，多向枝梢方向蛀食，被害部位易断，可造成枝蔓大量枯死，不仅当年减产，还影响以后数年的产量。以初龄幼虫在被害枝蔓中越冬。虫粪排于隧道内，表皮外无虫粪，故前期不易被发现（图 4–16）。

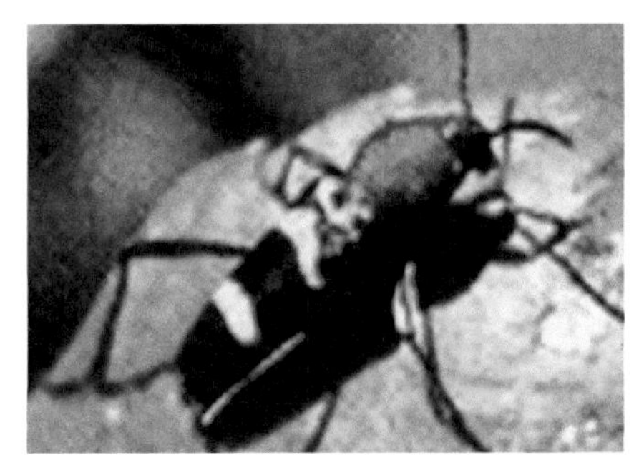

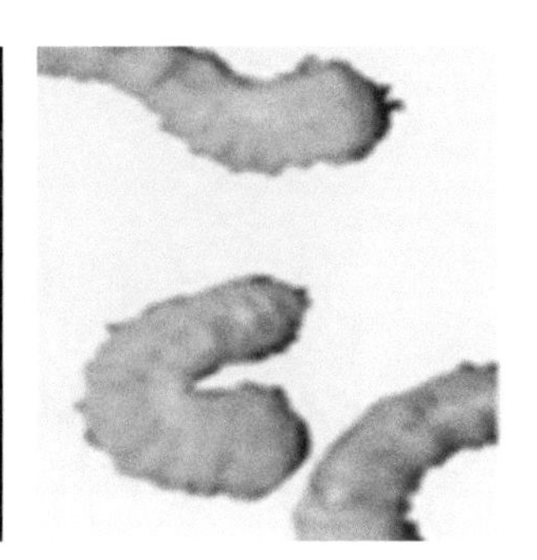

图 4–16　葡萄虎天牛

2. 防治措施

（1）农业方法。① 结合夏剪和冬剪，除掉有虫枝蔓，集中销毁或处理，消灭虫源。② 人工捕捉，在葡萄发芽前检查结果母枝的芽基部位，发现变黑的斑纹，用小刀削开皮下，挖出幼虫杀死。

（2）药剂防治。① 在成虫发生盛期喷药 2~3 次，常用药剂有 50% 的杀螟松乳油 1 000~2 000 倍液、50% 二溴磷乳油 1 000~1 500 倍液或 50% 西维因可湿性粉剂 300~500 倍液。② 药剂防治和人工防治相结合，用注射器向虫洞注射药液 90% 敌敌畏 600~1 000 倍液、杀灭菊酯 1 500 倍液，或者用 40% 氧化乐果 800~1 500 倍液，或者涂杆杀虫，减少害虫基数。

五、葡萄透翅蛾

1. 形态与为害诊断

葡萄透翅蛾属同翅目透翅蛾科，是当前葡萄生产上主要害虫之一，以幼虫蛀食枝蔓，造成枝蔓死亡。受害处从蛀孔处排出褐色粪便，幼虫多蛀食枝蔓的髓心部，被害处膨大肿胀似瘤，受害枝条叶片枯萎，果实容易脱落，易折断或枯死（图 4–17）。

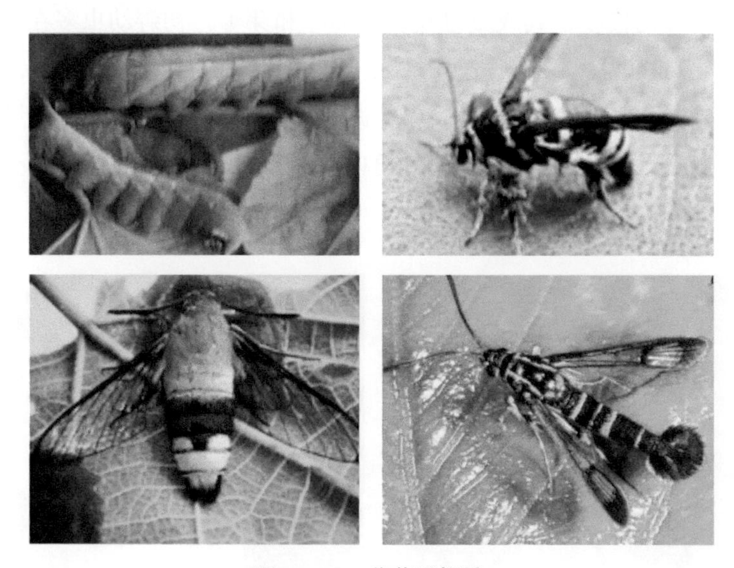

图 4–17　葡萄透翅蛾

2. 防治措施

（1）农业防治。① 选择抗虫品种，加强田间肥水管理，培育健壮树势，提高树体抗虫抗病性。② 结合冬剪，剪除带有寄生残留幼虫、成虫的枯枝，集中清理烧毁或深埋，消灭越冬幼虫，减少虫源基数。因被害处有黄叶出现，枝蔓膨大增粗，要认真仔细检查，特别是春夏季整枝时发现虫枝剪掉烧毁。

（2）药剂防治。① 一般在成虫羽化期先挂透翅蛾性诱杀虫剂，以消灭成虫，减少产卵量，降低为害基数，当诱蛾量出现高峰后，蛾量锐减时，即为当代成虫羽化的盛末期，是药剂防治的最佳时期，及时喷洒杀虫剂，可喷 20% 杀灭菊酯乳剂 2 000~3 000 倍液，25% 溴氰菊酯乳剂 3 000 倍液，80% 敌敌畏或 50% 马拉硫磷 1 000 倍液，一般在花前和谢花后各喷 1 次药，或 用 20% 三唑磷乳油 1 500~2 000 倍液，均有防治效果好时间长。② 也可在成虫羽化的盛末期喷洒

25%灭幼脲Ⅲ悬浮剂 2 000 倍液、或用 20%除虫脲悬浮剂 3 000 倍液、或用 50%杀螟松乳油 800 倍液，40%甲基异柳磷 800 倍液。药液用量以喷雾至全株均匀湿润、药液呈雾滴而不流为宜。

六、葡萄蚧壳虫

1. 为害症状诊断识别

为害葡萄的蚧壳虫主要有长白蚧和粉蚧 2 种，葡萄粉蚧又称康氏粉蚧，属于同翅目、娄蚧科，它们以成虫和若虫刺吸树干、枝叶、果穗和果粒中的汁液，造成叶色发黄、落叶、树木生长缓慢，果树长势较弱。常常在枝干、叶片上聚集成群为害，严重时造成枝干死亡，果园衰退。蚧壳虫不仅为害葡萄树，还为害桃树、苹果树、梨树、杏树等果木树，是果树上的致命害虫之一。蚧壳虫还常排泄出一种无色黏液，污染叶面和果实（该黏液常招致蚂蚁吸食），并引起真菌寄生，严重影响葡萄外观和食用品质（图 4-18）。

图 4-18 葡萄粉蚧壳虫

2. 防治措施

（1）农业防治。① 合理修剪，防止枝叶过密，以免给蚧壳虫造成适宜环境。② 入冬时结合修剪及时清除枯枝、病枝残枝落叶和剥除老皮，除掉越冬卵块，集中烧毁。

（2）药剂防治。葡萄生长前期的 4—6 月在若虫孵化高峰期喷 80% 敌敌畏 1 000~1 500 倍液防治，由于蚧壳虫体表面有一层蜡粉，在药液中加展着剂效果更好。或者用 48% 毒死蜱 1 000 倍液、1.8% 阿维菌素 1 800 倍液、5% 啶虫脒乳油 2 000 倍液、25% 噻嗪酮可湿性粉剂 1 000 倍液、10% 吡虫啉 2 000 倍液、或选用2.5%敌杀死乳油2 000~3 000倍液、或用2.5%功夫乳油4 000倍液、或用40%氧化乐果1 000倍液、或用毒死蜱1 500~2000倍液均匀喷施。

葡萄常见病虫害防治明细参考，见下表所示。

表 葡萄常见病虫害防治明细参考

葡萄常见病害		葡萄常见虫害	
名称	防治	名称	防治
葡萄白腐病	剪除病果、病枝、落叶并集中烧毁。发病前10天地面喷撒福美双可湿性粉剂，雨季喷托布津可湿性粉剂、多菌灵可湿性粉剂或百菌清可湿性粉剂	葡萄根瘤蚜	禁止从疫区采购苗木。药剂灌根，可用杀灭菊酯、氯氰菊酯敌杀死等菊酯类药物在春、秋季灌根
葡萄霜霉病	剪除病枝集中烧毁，减少越冬病源。春季萌芽前喷石硫合剂，6月上旬可喷波尔多液进行防治	葡萄虎天牛	冬季剪除受害枝叶并烧毁。成虫卵期可用敌敌畏乳油、卵虫快杀、杀虫星等防治
葡萄毛毯病	冬季清园，将病叶集中烧毁；春季葡萄芽膨大时喷石硫合剂防治；严重时可发芽后再喷亚胺硫磷；6月上旬喷扫螨净或阿维菌素；葡萄下架后埋土前可喷施石硫合剂	葡萄透翅蛾	冬剪时剪除被害膨大枝条并烧毁。羽化期检查嫩枝，有枯萎或蛀孔及粪便时，由孔注入辛硫磷乳剂、敌敌畏、杀灭菊酯等并用黏土封闭虫孔
葡萄黑痘病	加强管理，提高抗病能力。清除病枝病叶，减少越冬病源。发芽前喷石硫合剂和五氯酚钠；开花前、落花后分别喷波尔多液或多菌灵可湿性粉剂	葡萄短须螨	发芽前喷石硫合剂加洗衣粉防治。生长季节可用白螨杀净、扫螨净等药物交替喷布防治
葡萄白粉病	整形修剪，保持园内通风透光。冬季清扫落叶，减少越冬病源。发芽前喷石硫合剂，开花前和落花后分别喷大生和多菌灵，生长中后期可喷甲基硫菌灵可湿性粉剂防治	葡萄二星叶蝉	秋季清园减少越冬虫口基数。生长期摘芯、绑蔓、处理副梢改善通风透光条件。成虫产卵期可喷布乐果乳剂、辛硫磷乳剂、吡虫啉或高效氯氰菊酯防治

第五章 李子树病虫害

第一节　李子树病害

一、李红点病

1. 为害症状诊断识别

李子红点病的病源菌称红疔座霉，属子囊菌亚门真菌，主要为害李子树的叶片和果实。为害叶片时，在感病叶面上先产生橙黄色、稍微隆起的近圆形斑点，后病部扩大，病斑颜色变深呈红色微隆起的大病斑，其边缘与健部界线清晰，病斑上密生暗红色小粒点，即分生孢子器。发病严重时，叶片上病斑密布，病叶变黄早落。果实被侵染时，在果面上产生红黄色圆形隆起的病斑，初为橙红色，后变为红黑色，散生深色小红点，常导致病果生长不良、易脱落（图 5-1）。

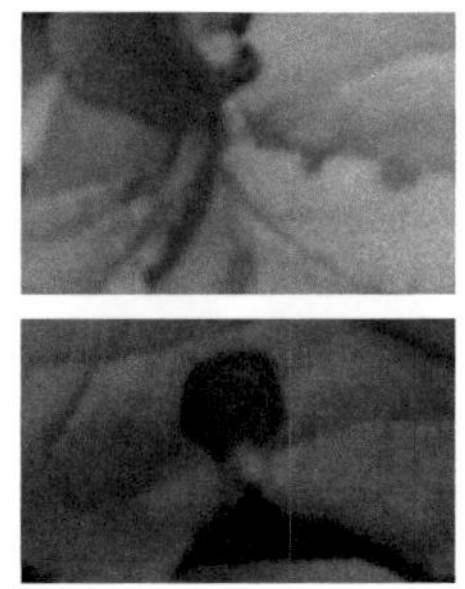

图 5-1　李子红点病症状

2. 防治措施

（1）农业防治。① 加强果园管理，彻底清除病叶、病果，集中烧毁或深埋。② 适时修剪，保障树膛通内部风透光，有效减轻发病概率。③ 合理灌溉，低洼积水地注意排水，勤中耕，避免果园土壤湿度过大，或降低田间湿度。

（2）药剂防治。① 萌芽前喷 5 度石硫合剂，展叶后喷 1.3~0.5 度石硫合剂。② 开花末期至展叶期，喷洒 1∶2∶200 倍式波尔多液预防发病。③ 在李树幼果膨大期及时喷洒 0.5∶1∶100 波尔多液或琥珀酸铜 1.5% 液、或用 65% 代森锌 600 倍液 +50% 多菌灵可湿性粉剂 500 倍液、或用 75% 甲基硫菌灵可湿性粉剂 800 倍液，均可达到良好的防治效果。

二、李流胶病

1. 为害症状诊断识别

流胶病是近年来李树果园发生较为严重的病害之一，主要为害李树树干、枝条及果实，李树流胶病分为生理性流胶和侵染性流胶两种。生理性流胶主要是由于霜害、冻害、病虫害、雹害、水分过多或不足、施肥不当、修剪过重、结果负载量过大、土质黏重或土壤酸度过高等原因引起。侵染性流胶病的病源菌在树干、树枝的染病组织中越冬，第二年在李花萌芽前后产生大量分生孢子，借风雨传播，并且从伤口或皮孔侵入，以后可再侵染。被害枝干皮层呈疱状隆起，随后陆续流出透明柔软的树胶。树胶与空气接触氧化后变成红褐色至茶褐色，干燥后则成硬粒块，病部皮层和木质部变褐坏死，严重时导致树势衰退，部分枝干乃至全株枯死。侵染性病源菌有性态为葡萄座腔菌，属子囊菌亚门真菌。无性态为桃小穴壳菌，属半知菌亚门真菌。此病周年均有发生，尤以高温多雨季节常多见（图 5-2）。

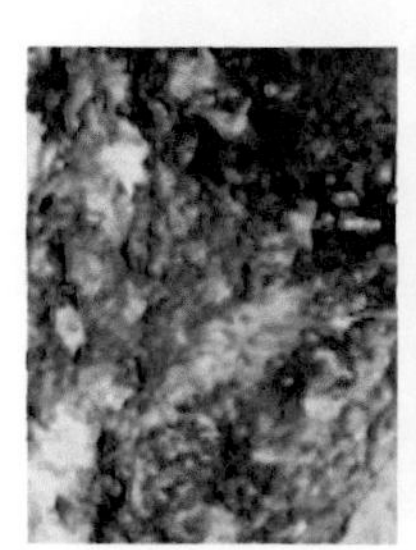
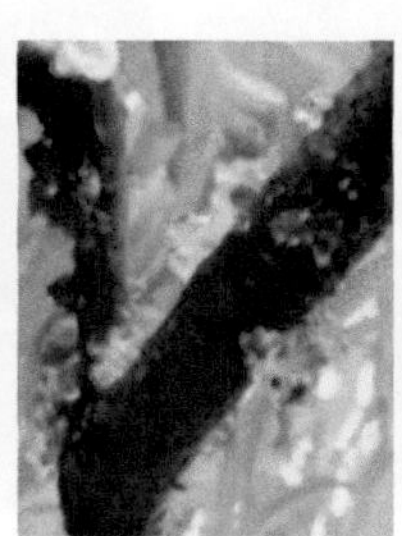
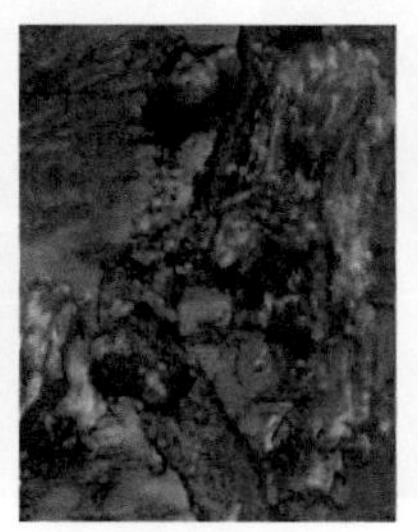

图 5-2　李子树流胶病症状

2. 防治措施

（1）农业防治。① 加强果园管理，及时清园、松土培肥土壤，防止果园地面长期积水。② 增施富含有机质的粪肥或麸肥及磷钾肥，保持土壤疏松，以利根系生长，增强树势，及时防治天牛等蛀干害虫，消除发病诱因，减少发病概率。③ 合理修剪，处理好剪口、锯口等防感病，不可修剪过重。④ 园中作业时注意避免损伤树干、树枝皮层。在果实膨大期和干旱高温季节及时灌水，能有效预防该病的为害。

（2）药剂防治。① 春季萌芽前喷施 3~5 波美度石硫合剂或农用链霉素 600 倍液预防该病发生。② 5—6 月为防治适期，可用 12.5 烯唑醇可湿性粉剂 2 000~2 500 倍液，或用 25% 炭特灵可湿性粉剂 500 倍液喷施，每隔 10 天喷 1 次，连喷 3~4 次，施药时，药液要全面覆盖干、枝、叶片和果实，喷湿喷透。③ 发生流胶时可用石硫合剂残渣或用石硫合剂原药对水 2~3 倍后用硬毛刷蘸药水涂刷伤口，如在石硫合剂中加入少量生石灰形成石灰浆，则涂刷效果更好。

三、李袋果病

1. 为害症状诊断识别

李子袋果病的病源菌为李外囊菌，属子囊菌亚门真菌。主要为害果实，也为害叶片、枝干。在落花后即显症，初呈圆形或袋状，后变狭长略弯曲，病果表面平滑，浅黄至红色，失水皱缩后变为灰色、暗褐色至黑色，冬季宿留树枝上或脱落。病果无核，仅能见到未发育好的雏形核。叶片染病，在展叶期变为黄色或红色，叶面肿胀皱缩不平，变脆。枝梢受害，呈灰色，略膨胀，弯曲畸形、组织松软；病枝秋后干枯死亡，发病后期湿度大时，病梢表面长出一层银白色粉状物。第二年在这些枯枝下方长出的新梢易发病。主要以芽孢子或子囊孢子附着在芽鳞片外表或芽鳞片间越冬，也可在树皮裂缝中越冬。当李树萌芽时，越冬的孢子也同时萌发，产生芽管，进行初次侵染（图 5-3）。

图 5-3 李袋果病症状

2. 防治措施

（1）农业防治。①注意园内通风透光，栽植不要过密。合理施肥、浇水，增强树体抗病能力。②在病叶、病果、病枝梢表面尚未形成白色粉状层前及时摘除，集中深埋。③冬季结合修剪等管理，剪除病枝，摘除宿留树上的病果，集中深埋。

（2）药剂防治。① 李树开花发芽前可喷洒 3~5 波美度石硫合剂、或 1∶1∶100 倍式波尔多液。② 开花后至发芽前后喷施 77% 氢氧化铜可湿性粉剂 500~600 倍液、或用 30% 碱式硫酸铜胶悬剂 400~500 倍液、或用 45% 晶体石硫合剂 30 倍液，以杀灭越冬菌源，减轻发病。③ 在李芽开始膨大至露红期，也可选用 65% 代森锌可湿性粉剂 400 倍液、或用 50% 苯菌灵可湿性粉剂 1 500 倍液、或 70% 代森锰锌可湿性粉剂 600 倍液、或用 70% 甲基硫菌灵可湿性粉剂 500 倍液等，每 10~15 天喷施 1 次，连喷施 2~3 次效果更佳。

四、李树腐烂病

1. 症状及为害诊断

李树腐烂病在我国大部分李产区均有发生，主要为害主干和主枝，造成树皮腐烂，致使枝枯树死。尤其是北方因受冻害，腐烂病发生较重。染病的李树表现为枝条枯死，大枝及树干形成溃疡病，严重削弱树势。病害多发生在主干基部，初期病部皮层稍肿起，略带紫红色并出现流胶，最后皮层变褐色枯死，有酒糟味，表面产生黑色突起小粒点。树势衰弱时，则病斑很快向两端及两侧扩展，终致枝干枯死，严重时可使整株死亡。病源菌有性态为核果黑腐皮壳，属半知菌亚门真菌；无性态为核果壳囊孢，属子囊菌亚门真菌（图 5–4）。

图 5–4　李子树腐烂病症状

2. 防治措施

（1）农业防治。① 科学管理，合理负载，适当疏花疏果，增强树势，提高抗病性。②增施有机肥，培育健壮树势，适地适栽，选择通风、排水良好、土层肥厚的地理位置建园，及时防治造成早期落叶的病虫害。③ 合理修剪，尽量减少枝干伤口，并对修剪伤口妥为保护、促进愈合。④ 越冬前，李树发芽前刮去翘起的树皮及坏死的组织，及时进行树干涂白，防止冻害。涂白剂的常用配方是生石灰12~13kg，加石硫合剂原液（20 波美度左右）2kg、加食盐 2kg，加清水 36kg。

（2）药剂防治。生长期间发现病斑，可随时刮去病部，然后用毛刷蘸取腐烂溃疡病专用杀菌剂 40%福美胂可湿性粉剂 10~50 倍（废机油或柴油稀释更好）稀释液对刮痕部位充分涂药，至全部浸湿为止。涂抹 70%甲基硫菌灵可湿性粉剂 1 份加植物油 2.5 份、或用 50%多菌灵可湿性粉剂 50~100 倍液、或用 70%百菌清可湿性粉剂 50~100 倍液等药剂，间隔 7~10 天再涂 1 次，防效较好。或喷布 50%福美胂可湿性粉剂 300 倍液。

五、李疮痂病

1. 为害症状诊断识别

李疮痂病主要为害果实，亦为害枝梢和叶片。果实发病初期，果面出现暗绿色圆形斑点，逐渐扩大，至果实近成熟期，病斑呈暗紫或黑色，略凹陷。发病严重时，病斑密集，聚合连片，随着果实的膨大，果实龟裂新梢和枝条被害后，呈现长圆形、浅褐色病斑，继后变为暗褐色，并进一步扩大，病部隆起，常发生流胶。病源菌为嗜果枝孢菌，属半知菌亚门真菌。以菌丝体在枝梢病组织中越冬。

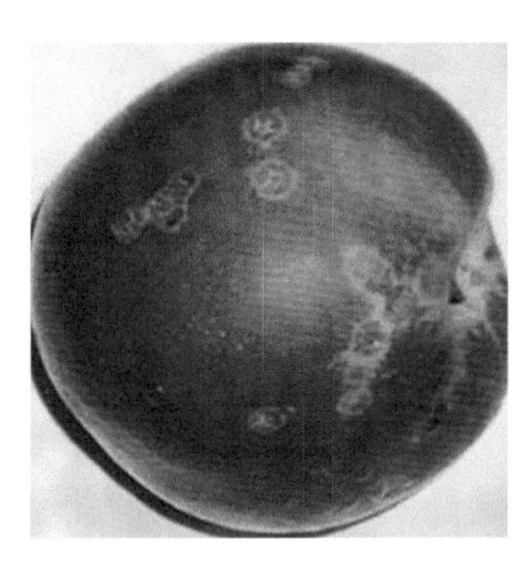

图 5-5　李疮痂病症状

翌年春季，气温上升，病菌产生分生孢子，通过风雨传播，进行初侵染（图5-5）。

2. 防治措施

（1）农业防治。① 秋末冬初结合修剪，认真剪除病枝、枯枝，清除僵果、残桩，集中烧毁或深埋。② 科学施肥，合理密植，注意雨后排水，使果园通风透光，培养健壮树体，提高抗病性。③ 选择抗病性品种，选择周边没有李树重茬过的壤土地块建园。④ 注意灌水渠道干净，周围没有堆放（堆积）李树修剪的病枝落叶。

（2）药剂防治。① 早春发芽前将流胶部位病组织刮除，然后涂抹45%晶体石硫合剂30倍液，或喷布3~5波美度石硫合剂加80%的五氯酚钠原粉200~300倍液，或用1∶1∶100等量式波尔多液，消灭病源菌。② 生长期间，可喷施70%甲基硫菌灵可湿性粉剂600~800倍液+50%福美双可湿性粉剂600倍液、或用80%乙蒜素乳油1 500倍液；或用1.5%多抗霉素水剂500倍液。

六、李褐腐病

1. 为害症状诊断识别

褐腐病又名菌核病、果腐病、实腐病等。病源菌有性态为粒果链粒盘菌，属子囊菌亚门真菌。无性态为称灰丛梗孢菌，属半知菌亚门真菌。主要为害花、叶、枝梢及果实等部位，果实常受害最重，花受害后先变褐色水渍状斑点，后逐渐延至全花，随即变褐而枯萎，常残留于枝上，长久不落。嫩叶受害，自叶缘开始变褐，很快扩展全叶。病菌通过花梗和叶柄向下蔓延到嫩枝，形成长圆形溃疡斑，常引发流胶。空气湿度大时，病斑上长出灰色霉丛。当病斑环绕枝条一周时，可引起枝梢枯死。果实自幼果至成熟期都能受侵染。但近成熟果实受害较重。病菌主要以菌丝体在僵果或枝梢溃疡的病斑组织内越冬。第二年春产生大量分生孢子，借风雨、昆虫传播，通过病虫及机械伤口侵入（图5-6）。

2. 防治措施

（1）农业防治。① 加强果园管理，合理施肥灌水，增强树势，提高树体抗病力。② 科学修剪，剪除病残枝及茂密枝，调节通风透光，减少疾病发生率。③ 清理果园，减少越冬病源菌基数。冬季对树上树下病枝、病果、病叶应彻底清除，集中烧毁或深埋。

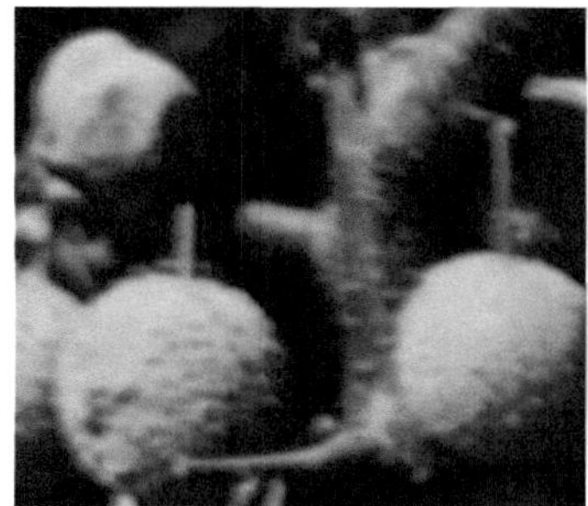

图 5-6　李褐腐病症状

（2）药剂防治：① 李树萌芽前喷施 80% 五氯酚钠加波美 3~5 度石硫合剂，或用 1∶1∶100 倍式波尔多液，或用 40% 福美胂可湿性粉剂 100 倍液，杀死越冬病菌。② 幼小李果脱萼开始，每隔 10~15 天喷布 1 次 50% 多菌灵可湿性粉刺 600 倍液、或用 70% 甲基硫菌灵可湿性粉剂 600~800 倍液、或用 65% 代森锌可湿性粉剂 500 倍液、或用 70% 代森锰锌可湿性粉剂 700 倍液、或用 75% 百菌清可湿性粉剂 500~600 倍液、或用 50% 异菌脲可湿性粉剂 1 500 倍液，均有较好的防治效果。

第二节　李子树虫害

一、李树蚜虫

1. 形态及为害诊断

李树蚜虫主要有桃蚜、桃粉蚜、黄蚜，均以成虫和若虫群集在幼芽、嫩梢和叶背上刺吸汁液为害，被害的叶片向叶背面卷缩，严重时卷成绳索状，并逐渐干枯。李子树蚜虫 1 年发生 10 多代。以卵在枝杈、翅皮和芽鳞处越冬。越冬卵

图 5-7　李蚜虫形态及为害

3—4 月开始孵化成若虫，若虫群集在幼芽、嫩叶处为害，叶片展开后，若虫和成虫转到叶背面为害，并迅速生长繁殖。蚜虫在吸食叶液时，分泌出蜜状黏液，被害叶自叶背出现不同程度卷曲，严重时卷给缩成团，使新梢生长受阴或停滞。5 月上旬后产生有翅蚜进行飞行为害（图 5-7）。

2. 防治措施

（1）农业防治。① 结合平时修剪，剪除有卵枝条，减少虫口密度，可有效减轻蚜虫为害。② 加强田间管理，培养健壮树体，避免旺长。③ 李子园中及四周尽量不种蚜虫寄主作物及树木如棉花、花椒树、洋槐树等。

（2）药剂防治。① 在蚜虫发生盛期初始，用 2.5% 鱼藤酮乳油 750 倍液喷雾、或用 20% 杀灭菊酯 1 500~2 000 倍液喷施。② 在卷叶前喷 10% 吡虫啉可湿性粉剂 2 000 倍液、或用 1.8% 阿维菌素 3 000 倍液、或用 10% 烟碱乳油 500~1 000 倍液、或用 50%抗蚜威可湿性粉剂 2 500 倍液喷雾防治。并轮换交替使用多种农药，以延缓蚜虫的抗药性产生。

二、李红蜘蛛

1. 为害诊断

为害李树的红蜘蛛主要是山楂红蜘蛛成虫、若虫，吸食叶片及初萌发芽的汁液，致使新芽不能继续萌发，叶片严重受害后，全叶变为焦黄而脱落。大发生年 6—8 月树叶大部脱落，有时造成 2 次发芽、开花，严重受害的李树，不仅当年果实不能成熟，而且严重影响当年花芽形成和下一年的产量（图 5-8）。

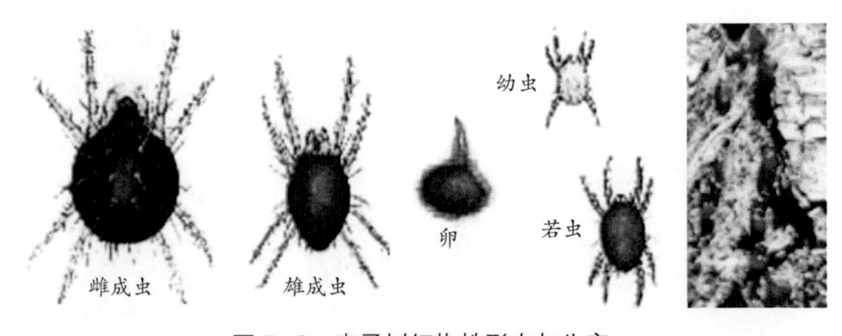

图 5-8　李子树红蜘蛛形态与为害

2. 防治方法

（1）农业防治。① 李树萌发前，及早清园，结合防治其他害虫，彻底刮除主干及主枝上的翘皮及粗皮，集中烧毁，以消灭越冬雌虫。② 利用天敌抑制螨虫为害，捕食螨及其卵、线虫，如巨螯螨、植绥螨、长须螨、巨须螨等捕食小型昆虫、螨类及其卵。③ 根据山楂红蜘蛛的生活习性，在田间管理方面，要及时深翻树盘或树盘埋土，合理修剪，适当施肥灌水。

（2）药剂防治。① 李树发芽前喷布 5% 蒽油乳剂、或用 3~5 波美度石硫合剂进行灭菌预防。② 李树发芽后，根据螨虫发生情况的及时防治，可用 3 波美度石硫合剂加水稀释 0.8% 液或 20% 三氯杀螨砜可湿性粉剂 0.6%~1% 液、40% 氧化乐果乳剂 1.5%~2% 液、20% 灭扫利 2% 液、50% 溴螨脂 1% 液喷洒。各种杀螨剂应轮换使用，防止虫体出现抗药性，提高防治效果。③ 麦收前后是防治关键时期，可选择杀螨剂 15% 哒螨灵乳油 3 000 倍液、15% 扫螨净乳油 2 000 倍液、25% 三唑锡（杀螨卵）2 000 倍液、5% 尼索朗乳油（杀螨卵）2 000 倍液等。防治指标：平均每叶 2 头，喷 1~2 遍可控制为害。注意：杀螨剂交替使用，选择可杀螨卵的药剂，叶背喷药要细致、周到。

三、李小食心虫

1. 为害症状诊断识别

李子食心虫又称李小囊蛾，简称李小，为鳞翅目小卷叶蛾科害虫，是为害李子果实最严重的害虫之一，被害率高达 80%~90%。幼虫蛀食果实，蛀果前在果面上吐丝结网，幼虫在网下啃咬果皮再蛀入果实内，被害果实常在虫孔处流出泪

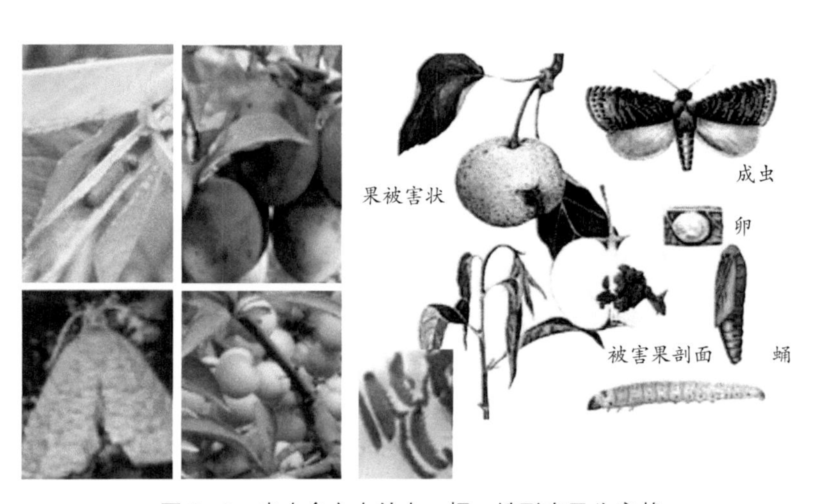

图 5-9　李小食心虫幼虫、蛹、蛾形态及为害状

珠状果胶，被害果实不能继续正常发育，渐渐变成紫红色而脱落。因其虫道内积满了红色虫粪，故又形象地称之为“豆沙馅”（图 5-9）。

2. 防治措施

（1）农业防治。① 秋后冬前应把果园内的落果、落叶扫尽，清除病枝枯枝，减少翌年虫源。② 加强果园树体管理，促树健壮，提高抗虫性。③ 树干基部培土，在越冬代成虫羽化出土前，在树盘干基周围 50~70cm 地面培以 10cm 厚的土堆，并予踩紧踏实，使羽化后的成虫不能出土。④ 利用黑光灯、糖醋液、天敌等方法控制该虫暴发。

（2）药剂防治。① 地面施药，在越冬代成虫羽化前（李树落花后）或第一代幼虫脱果前（5 月下旬）在树盘下喷布 75% 辛硫磷乳油每亩需要 0.5kg 左右，或用 40% 毒死蜱乳油 800 倍液，2.5% 溴氰菊酯乳油 1 500 倍液，喷后用耙子耙匀，以便使药土混合均匀，提高杀虫效果。亦可采用生物制剂对树冠下土壤进行处理，如撒入白僵菌等。② 树上用药，在落花末期（95% 落花）小果如麦粒大小时，喷第 1 次药；由于越冬代成虫发生期长达 1 个月，一般卵孵化盛期应喷 2 次，重点保果。也可喷布 50% 杀螟硫磷乳油 1 000 倍液对卵有特效，或用 80% 敌敌畏乳油 1 000 倍液，或用 90% 敌百虫 1 000 倍液，或用 2.5% 溴氰菊酯 8 500 倍液，或用 20% 灭扫利乳油 8 000 倍液，对初孵幼虫有良好的防治效果。

四、李红颈天牛

1. 为害症状诊断识别

李树红颈天牛属鞘翅目，天牛科。体黑色，有光亮；前胸背板红色，背面有 4 个光滑疣突，具角状侧枝刺；鞘翅翅面光滑，基部比前胸宽，端部渐狭。主要以幼虫在木质部蛀食造成树干中空而衰弱、死亡（图 5-10、图 5-11）。

2. 防治措施

（1）农业防治。① 在树干和主枝上涂刷“涂白剂”（涂白剂可用生石灰、硫黄、水按 10 : 1 : 40 的比例进行配制；也可用当年的熬制石硫合剂的沉淀物涂刷枝干），把树皮裂缝，空隙涂实，防止成虫产卵。② 以粪找虫——利用红颈天牛幼虫蛀食树皮后会在主干与主枝上出现红褐色虫粪，经常进行检查，发现虫粪及时可用锋利的小刀划开树皮将幼虫杀死。③ 及时砍伐受害死亡的树体，也是减少虫源的有效方法。④ 成虫发生盛期，进行人工捕捉。抓住两个最佳时间，一

图 5-10　幼虫及雄成虫　　　　图 5-11　树干受害及雌成虫

是早晨 6：00 以前，二是大雨过后太阳出来。用绑有铁钩的长竹竿，钩住树枝，用力摇动，害虫便纷纷落地，逐一捕捉。成虫活动期间，可利用从中午到 15：00 前成虫有静息枝条的习性，组织人员在果园进行捕捉，可取得较好的防治效果。

（2）药剂防治。① 在 6—7 月成虫发生盛期和幼虫刚刚孵化期，在树体上喷洒 50% 杀螟松乳油 1000 倍液、或用 10% 吡虫啉 2 000 倍液，7~10 天 1 次。连喷 2~3 次。② 虫孔施药，大龄幼虫蛀入树干树枝木质部，喷药作用甚微，应采取虫孔施药的方法除治，用一次性医用注射器，向蛀孔灌注 50% 敌敌畏 800 倍液或用 10% 吡虫啉 2 000 倍液至药液外流，然后用泥土封严虫孔口即可。

第六章 枣树病虫害

第一节　枣树病害

一、枣疯病

1. 为害症状诊断识别

枣疯病是枣树的一种毁灭性病害，一般先在部分枝条和根蘖上表现症状，而后渐次扩展至全树。枣树染病后枝叶丛生，部分发育枝一年多次萌发生长，连续抽生细小黄绿的枝叶，形成稠密的枝丛，冬季不易脱落；全树枝干上隐芽大量萌发，抽生黄绿细小的枝丛；枣花的花柄加长为正常花的3~6倍，萼片、花瓣、雄蕊和雌蕊变成浅绿色小叶，小叶叶腋间还抽生细矮小枝，形成枝丛；树下萌生小叶丛枝状的根蘖（图6-1）。

图6-1　枣疯病症状

2. 发生特点

枣疯病的病原为植原体，属非螺旋形菌原体，是介于病毒和细菌之间的微生物。患枣疯病的病树是枣疯病的初侵染源，病原在活着的病树内存活，生产上经分株繁殖、嫁接繁殖和叶蝉为害传病。传病媒介以凹缘菱纹叶蝉、橙带拟菱纹叶蝉、红闪小叶蝉为主，一般地势较高、土壤瘠薄、肥水条件差、管理粗放、杂草丛生的枣园发病较重。

3. 防治措施

（1）农业方法。① 及时锯掉病枝，清除病株，对患病树的疯枝及早锯除，既可减少侵染源，又可治愈或延缓发病。将病树连根清除，可在原地补栽健苗。② 选用抗病砧木、品种，加强枣园管理，选用具有枣仁的抗病枣品种作为砧木，栽植抗病品种。③ 加强枣园肥水管理，及时清除枣园杂草，促使枣树生长健壮，提高抗病力。④ 在枣树基部缠裹塑料布，阻止蝉虫出土爬行上树，减少为害概率。

（2）药剂防治。① 采用具有杀灭病原和补充关键营养双重功效的低毒高效复配药物“祛疯 1 号”“祛疯 2 号”输液治疗效果显著。② 防治传病叶蝉，枣园杂草丛生，或间作芝麻、小麦、玉米，栽植松、柏、桑、槐等，有利于叶蝉繁殖及越冬。在叶蝉寄主植物上喷施杀虫剂，如用 80% 敌敌畏乳油 1 000 倍液或 10% 氯氰菊酯（2.5% 溴氰菊酯、20% 氰戊菊酯）1 000 倍液，杀灭叶蝉，减少传播病菌。

二、枣锈病

1. 为害症状诊断识别

枣锈病主要为害叶片和果实表面，感病初在叶片背面现零星散生淡绿色或浅黄色小点，周围水浸状，后逐渐形成橘黄色夏孢子堆，逐渐扩大，沿叶脉处较多。夏孢子堆成熟后破裂，散出大量橙黄色粉末状夏孢子，布满整个叶片，致叶片干枯或早落。秋末病斑变为多角形灰黑色斑点形成冬孢子堆，表皮一般不破裂。偶见叶柄、嫩梢或穗轴上出现夏孢子堆（图 6-2）。

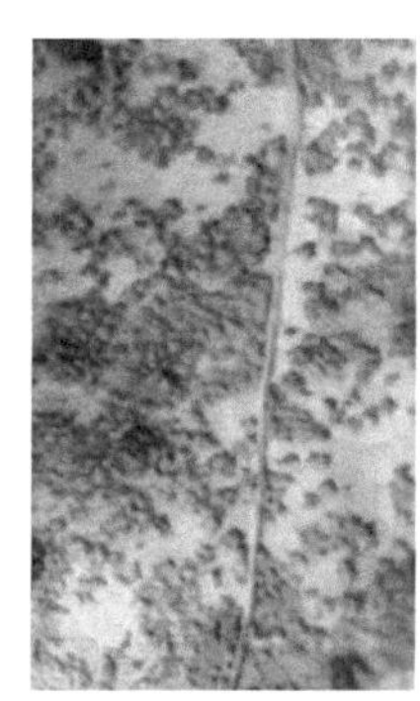
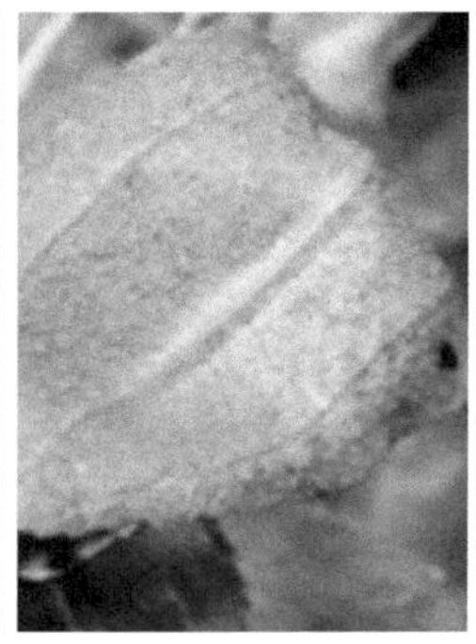

图 6-2　枣锈病症状

2. 发生特点

病源菌为枣多层锈菌，属担子菌亚门真菌，主要以夏孢子堆在落叶上越冬，翌年产生分生孢子借风雨传播到新生叶片、幼果上侵染蔓延，6—8 月发病盛期。

3. 防治措施

（1）农业方法。① 加强栽培管理，行间不种高秆作物和西瓜、蔬菜等经常灌水的作物。② 冬春季节，彻底清扫落叶，集中烧毁，消除侵染病源。③ 发现感病植株病枝，及时更新。④ 选择抗病品种，提高抗病能力。

（2）药剂防治。发病严重的枣园，在初发期喷施 1∶1∶4∶400 锌铜波尔多液（即 1 份硫酸锌∶ 1 份硫酸铜∶ 4 份生石灰∶ 400 份水）或用 1∶2~3∶300 倍式波尔多液、或用 30% 绿得保胶悬剂 400~500 倍液、或用 12.5% 烯唑醇乳油、20% 三唑酮乳剂 1 000~1 500 倍液、或用 0.3~0.5 波美度石硫合剂或 45% 晶体石硫合剂 300 倍液。一般间隔 10~15 天，连喷 2~3 次效果更好，交替用药，提高防治效果，避免产生抗药性。

三、枣斑点病

1. 症状及为害诊断

斑点病自果实豆粒大小就可侵染。初侵染时果实表面出现针状大小的浅色至白色突起，后迅速变大，积压破裂后可见菌浓出现。随后，形成各种形状不一的病斑。随着果实的发育，病斑变大，引起烂果、落果。可分红褐型、灰褐型、干腐型和开放性疮痂型 4 种类型。

2. 发生特点

枣斑点病是细菌和真菌混合侵染的弱寄生性病害，其中，包括细菌的假单孢杆菌属、黄单孢杆菌属、欧式杆菌属及真菌类的交链孢属、链格孢菌等引起（图 6-3）。

3. 防治措施

（1）农业防治。① 加强枣园栽培管理，科学平衡施肥，培养健壮树势，提高枣树的抗病能力。② 科学灌水，合理密植，注意枣林内部通风透光，营建不利于斑点病流行的小气候环境条件。

（2）药剂防治。① 在初发病时及时防治，可获得较好的防治效果，发病初期使用井冈・多菌灵、链霉素、叶枯唑等药剂、按说明书使用剂量防治效果都很

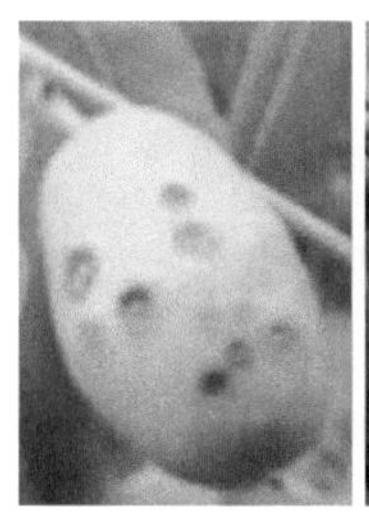

图 6-3　枣斑点病症状

好。② 结合防治炭疽病喷 70% 甲基硫菌灵可湿性粉剂 800 倍液加 75% 百菌清可湿性粉剂 800 倍液，或用硫悬乳剂 200 倍液加多菌灵 700 倍液兼治本病。越冬期间对植株喷波美 3 度石硫合剂；春芽萌发放叶后，立即喷 100 倍波尔多液，或者 50% 多菌灵可湿性粉剂 500~600 倍液，连治 2~3 次。

四、枣裂果病

1. 为害症状诊断识别

枣裂果病是一种生理性病害，在果实将近成熟时，如连日下雨，果面裂开一长缝，果肉稍外露，随之裂果腐烂变酸，不堪食用。裂果形状可分为纵裂、横裂、T 形裂，一般纵裂较多，T 形裂次之，横裂最少。果实开裂后，易引起炭疽等病源菌侵入，从而加速了果实的腐烂变质（图 6-4）。

图 6-4　枣裂果病症状

2. 防治方法

（1）农业防治。① 引进优良抗裂品种。成龄低产枣园应减少枣树主枝层次和骨干枝级数，加大层间距，缩减叶幕层的厚度及冠幅，加大主、侧枝开张角度，以利于雨后果面迅速干燥。② 增施有机肥，提高土壤有效磷和铁、硼、锌、铜等微量元素含量，改善土壤理化性状，使土壤有机量含量达到 1% 以上，含氧量达 12% 以上，pH 值处在 6~7 的微酸性至中性状态，从而促进根系生长发育，增强根系活力。

（2）药剂防治。① 幼果坐果后，用磷酸二氢钾 + 钙硼肥稀释 800~1 000 倍液喷施，每 10 天 1 次，连续喷洒 2~3 次，可有效地预防裂果现象发生。②从 6 月下旬开始，用赤霉酸 + 磷酸二氢钾喷洒 800~1 000 倍液，喷洒 1 次，防裂效果达到 70% 以上。③从 7 月上旬，喷施 481+ 膨果之星 800~900 倍液，防落果，防裂，促进果实正常发育膨大。④易裂果品种应提前收获。果实着色前 50~60 天，喷布 250mg/kg 乙烯利，促使枣果提前成熟。

五、枣缩果病

1. 为害症状诊断识别

枣缩果病又称枣果萎蔫病、枣雾蔫病等，主要为害果实，引起果腐和提前脱落。感病的枣果先在果肩或胴部出现黄褐色不规则变色斑或淡黄色晕环，进而果皮出现水渍状、土黄色，边缘不清，后期果皮变为暗红色，收缩，且无光泽（图 6-5）。

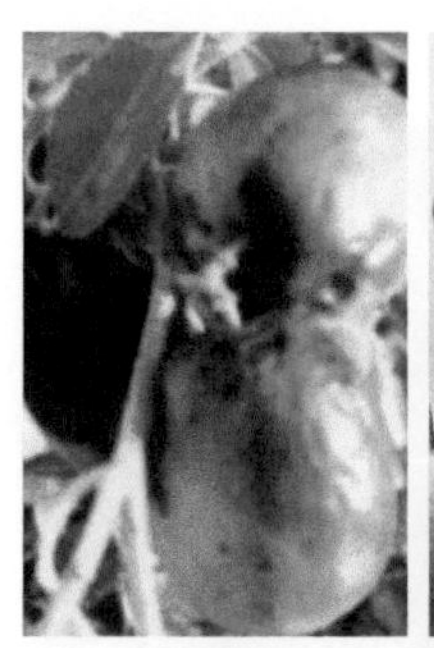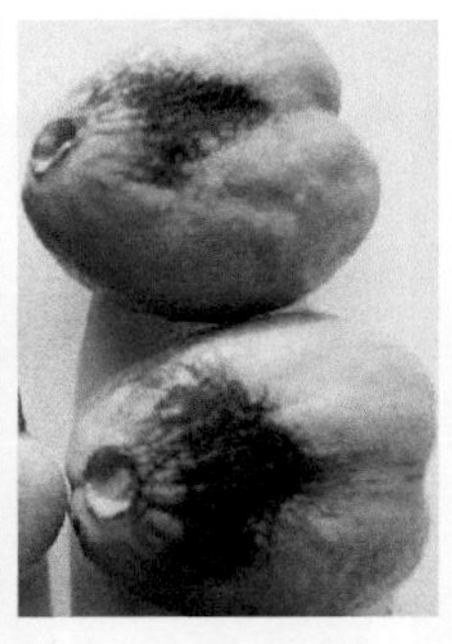

图 6-5　枣缩果病症状

2. 发生特点

病源菌为欧氏杆菌属的一个新种，属细菌，革兰氏染色阴性，菌体短杆状，周生鞭毛 1~3 根，无芽孢。也有报道称病原为原生小壳菌、茎点真菌等多种真菌引起。枣缩果病常与炭疽病混合发生，降水量大降雨天数多容易爆发成灾。

3. 防治措施

（1）农业防治。① 选育和利用抗病品种。② 加强果园土壤管理，在枣果变色转红期保持土壤湿润而不积水，降低田间湿度，预防或减少裂果的发生。③ 冬季或早春枣园刮老树皮、清除病果烂果病残体、落叶，喷 5 波美度石硫合剂。

（2）药剂防治。① 加强虫害防治工作，及时防治刺吸式虫害的发生及为害，如桃小食心虫、枣尺蠖、食芽象甲、介壳虫、椿象、壁虱和叶蝉等。喷施 10% 氯氰菊酯等杀虫剂与特谱唑（速保利）混合剂、或用 25% 灭幼脲 3 号 1 500~2 000 倍液、或用天达虫酰肼 2 000 倍液、或用 2%天达阿维菌素 3 000 倍液。对枣缩果病的防效可达 95% 以上。② 在枣果变色转红前后喷施“枣果防裂防烂剂”“钙加硒”+“硼加硒”等，预防裂果和减少裂果的发生数量。每支 10mL，直接对水 25~30kg 全树喷洒，间隔 7~10 天，连用 2~3 次。③ 枣果采收前 15~20 天是防治的关键时期，防治药剂有链霉素 70~140U/mL 或卡那霉素 140U/mL，75% 百菌清可湿性粉剂 600 倍。在施用杀菌剂时可加入 20% 灭扫利 2 000 倍液等杀虫剂兼顾治虫。

六、枣炭疽病

1. 为害症状诊断识别

枣炭疽病主要侵害果实，也可侵染枣吊、枣叶、枣头及枣股。果实受害，最初在果肩或果腰处出现淡黄色水渍状斑点，逐渐扩大成不规则形黄褐色斑块，斑块中间产生圆形凹陷病斑，病斑扩大后连片，呈红褐色，引起落果。病源菌的菌丝体在果肉内生长旺盛，有分枝和隔膜，无色或淡褐色（图 6-6）。

2. 发生特点

病源菌为盘长孢状刺盘孢菌、属半知菌亚门。以菌丝体在病果僵果中越冬，

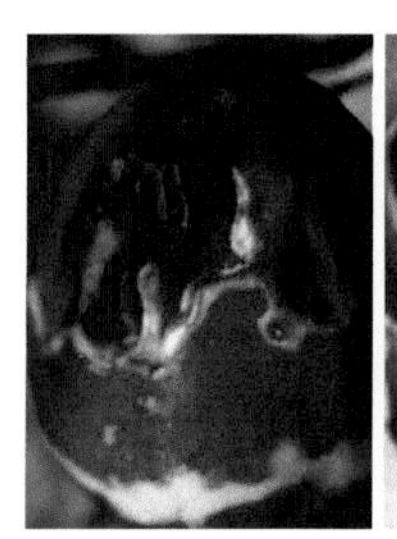
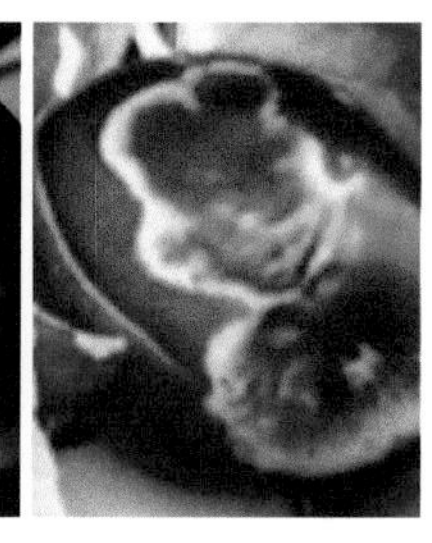

图 6-6　枣炭疽病症状

以枣吊、僵果的带菌量为最高，翌年春分生孢子随风雨传播，及昆虫带菌传播。一般5月病菌潜入，潜伏期30天左右，雨季发病快。

3. 防治措施

（1）农业防治。① 降低菌源基数，减少病源，入冬前对树下枣吊、落叶、病果等及时清除，也包括附近刺槐树的落叶及相关染病树种的病果、枯死病枝、落叶等。② 加强田间管理，平衡施肥，增施农家肥料，增强树势，提高树体抗病能力。③ 做好害虫防治，杜绝或减少传播。对椿象类、叶蝉类等刺吸式口器害虫做好重点防治。④ 改变枣的加工方法——采用炕烘法，防止高温高湿环境条件引起的后期发病。

（2）药剂防治。① 发病期前（6月下旬）先喷一次杀菌剂消灭树上病源，选12%腈菌唑乳油防治枣锈病和枣炭疽病。② 8月上旬喷多菌灵600倍，加天达-2116混配1 000倍液或5.7%氟氯氰菊酯（百树得）3 000倍液、或选70%甲基硫菌灵800倍液、50%多菌灵800倍液；临近发病期可结合枣锈病防治（7月中、下旬）喷施倍量式波尔多液200倍液或77%可杀得可湿性粉剂400~600倍液；发病期（8月中旬左右），用10%多氧霉素1 000倍液并混入80%代森锰锌可湿性粉剂800倍液（或用甲基硫菌灵、多菌灵等，使用浓度见说明交替使用），每10~15天1次，连续2~3次效果更佳。

七、枣树腐烂病

1. 为害症状诊断识别

枣树腐烂病又称枝枯病，主要侵害衰弱树的树干、枝条，发生严重的可造成整树死亡，枝条干枯。感病树干、枝条皮层开始变红褐色，渐渐枯死，以后从枝

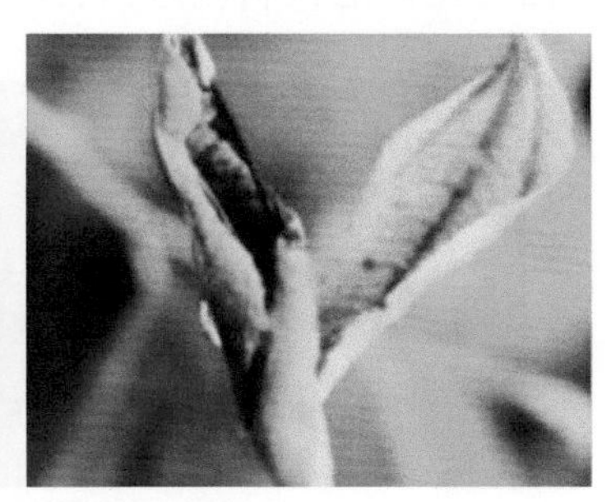

图6-7　枣树腐烂病症状

皮裂缝处长出黑色突起小点，即为病源菌的子座（图 6-7）。

2. 发生特点

病源菌为壳梭囊孢，属半知菌亚门真菌。以菌丝体或分生孢子在病组织中越冬。翌年分生孢子借风雨或昆虫传播，通过枝条上的皮孔或伤口侵入寄生。大树发病重，小树发病轻；树势愈弱，发病愈重。土壤瘠薄、土壤积水、管理粗放病害发生较重。

3. 防治措施

（1）农业防治。① 加强枣树管理，多施农家肥，增强树势，提高抗病力。② 彻底剪除树上的病枝条，集中烧毁，以减少病源菌。

（2）药剂防治。① 用枣病必治——枣树专用杀菌剂 1 000~1 500 倍液喷施，防治腐烂病、锈病、黑斑病，或选 70% 甲基硫菌灵 800 倍液、50% 多菌灵 800 倍液。② 轻病枝或感病树干，可先刮除病部，然后用 80% 乙蒜素乳油 50 倍液、或用 50% 福美双可湿性粉剂 100~150 倍液涂抹，消毒保护。

第二节 枣树虫害

一、枣象甲

1. 为害症状诊断识别

枣象甲又名枣飞象、小灰象、顶门吃。主要为害枣树和玉米、糜谷、蔬菜等作物。它的成虫出土早，是枣树上出现最早的害虫，首先为害嫩芽，虫口密度大时，能把嫩芽吃光，导致二次发芽，可使枣树大幅度减产，甚至绝产，是枣树的主要害虫之一（图 6-8）。

2. 防治措施

（1）农业防治。① 根据枣象甲发生特点，萌芽期树下铺膜，早晚振落集中消灭。② 枣园及其周围尽量不种植玉米、糜谷、蔬菜等枣象甲寄主作物，减少滋生源。

（2）药剂防治。① 地面施药，在枣树萌芽期用辛硫磷乳油 200 倍液或辛硫磷颗粒剂围绕主干 1~1.5m 均匀喷撒喷后立即耙耧，进行防治。② 早春成虫出土前刮去树干 20~30cm 宽的老皮一圈，然后用 20cm 宽的塑料薄膜缠绑一圈，

图 6-8　枣象甲幼虫、成虫及世代

中部用 2.5% 的溴氰菊酯 1 000 倍液浸透的草绳捆扎，薄膜上部向下反卷，阻止成虫上树，使害虫在毒绳处死亡。③ 利用其假死性，早晨或傍晚用杆击树皮，树下喷 5% 敌百虫粉，虫落地后中毒而死。④ 盛发期树上喷施 25% 高效氯氟氰菊酯 1 500 倍液，高氯辛硫磷乳油（有效成分高氯 2.5%，辛硫磷 22.5%）1 000~2 000 倍液，25% 阿维高效氯氟氰菊酯 1 500~2 000 倍液防治。

二、枣瘿蚊

1. 为害症状诊断识别

枣瘿蚊，属双翅目，瘿蚊科。主要以幼虫为害嫩叶，叶片受害后红肿，纵卷，叶片增厚，先变为紫红色，最终变黑褐色，并枯萎脱落。枣瘿蚊以老熟幼虫在土内结茧越冬。翌年 4 月成虫羽化，产卵于刚萌发的枣芽上；5 月上旬进入为害盛期，嫩叶卷曲成筒，被害叶枯黑脱落，老熟幼虫随枝叶落地化蛹（图 6-9）。

2. 防治措施

（1）农业防治。① 及时清理树上、树下虫枝、叶、果，并集中烧毁，减少越冬虫源。② 冬季翻耕枣园株行间土壤，有条件搞好冬灌，或改良土壤有利于降低或消灭或减少枣瘿蚊老熟幼虫在土内越冬的结茧数量。

（2）药剂防治。4 月中下旬枣树萌芽展叶时，喷施 40% 氧乐果乳油 1 000~1 500 倍液，或用 25% 灭幼脲悬乳剂 1 000~1 500 倍液，或用 10% 氯氰菊酯乳油 2 000~ 3 000 倍液，或用 20% 氰戊菊酯乳油 1 000~2 000 倍液，或用 2.5% 溴氰

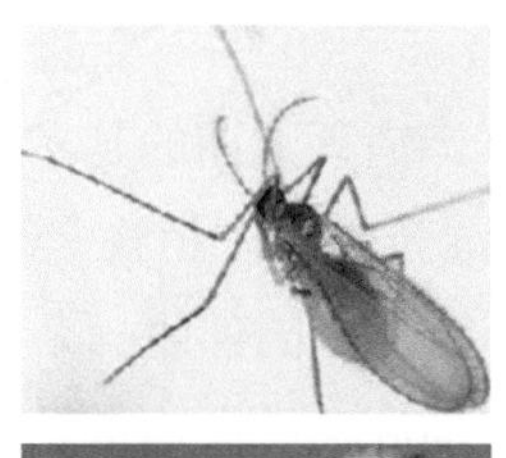

图 6-9　枣瘿蚊成虫及为害嫩梢

菊酯乳油 2 000~4 000 倍液，或用 20% 水胺硫磷乳油 400~500 倍液，或用 25% 噻嗪酮可湿性粉剂 1 000~1 500 倍液，间隔 10 天喷 1 次，连喷 2~3 次。

三、绿盲蝽

1. 为害症状诊断识别

枣绿盲椿象又称牧草盲蝽，严重为害枣树，还为害多种果树、蔬菜、棉花、苜蓿等作物。以成虫和若虫刺吸枣树幼芽、嫩叶、花蕾及幼果，被害叶芽上先出现失绿斑点，随着叶片的伸展，小斑点逐渐变为不规则的孔洞，俗称“破叶疯”“破天窗”。花蕾受害后停止发育，枯死脱落，重者枣花全部脱落。受害幼果有的出现黑色坏死斑，有的出现隆起的小疱，果肉组织坏死，受害严重者枣果脱落。若虫体呈绿色，有黑色细毛，翅芽端部黑色；成虫呈绿色，前胸背板为深绿色，有许多小黑点。前翅基部为绿色，端部为灰色（图 6-10）。

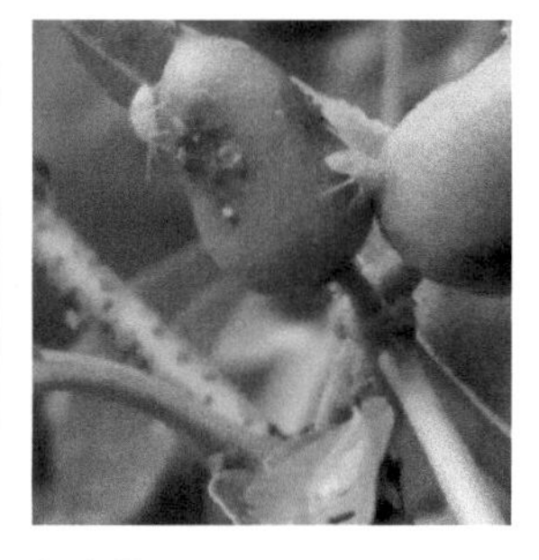

图 6-10　枣绿盲蝽幼虫、成虫及为害症状

2. 防治措施

（1）农业防治。① 冬季清除园内及周边杂草，消灭上面的越冬卵，园内不套种其他作物，果园外不种大豆、玉米、白菜等绿盲蝽寄主植物。② 及时夏剪和摘芯，消灭潜藏的若虫及卵，科学管理果园，解决果园郁闭、杂草丛生等现象。③ 在越冬后——枣树发芽前，刮除老翘皮，彻底清除园内的枯枝、烂果及杂草，并剪除有卵残桩，带出园外集中烧毁。

（2）药剂防治。① 在果树萌芽前喷施一遍 3~5 波美度的石硫合剂，可有效降低虫卵基数和虫卵的孵化率。② 发芽——花前、花后及幼果期分别用药防治，使用 5% 高效氯氟氰菊酯 2 000~3 000 倍液与 70% 吡虫啉 4 000~5 000 倍液复配全园均匀喷雾、或用 90% 灭多威 4 000 倍液、赛特生 1 500 倍液或 10% 吡虫啉 1 500 倍液全园喷施，在防治绿盲蝽的同时，还可兼治多种害虫等。

四、枣尺蠖

1. 为害症状诊断识别

枣尺蠖又名枣步曲、弯腰虫，属鳞翅目尺蠖蛾科，以幼虫为害枣树（苹果、梨等）嫩芽、嫩叶及花蕾，严重发生的年份，可将枣芽、枣叶及花蕾吃光，不但造成当年绝产，而且影响翌年产量。幼虫共分 5 龄，识别要点：1 龄幼虫黑色，有 5 条白色横环纹；2 龄幼虫绿色，有 7 条白色纵走条纹；3 龄幼虫灰绿色，有 13 条白色纵条纹；4 龄幼虫纵条纹变为黄色与灰白色相间；5 龄幼虫（老龄幼虫）灰褐色或青灰色，有 25 条灰白色纵条纹（图 6-11）。

图 6-11　枣尺蠖幼虫、成虫及蛹

2. 防治措施

（1）农业防治。① 阻止雌成虫、幼虫上树，成虫羽化前在树干基部绑 15~20cm 宽的塑料薄膜带，环绕树干一周，下缘用土压实，接口处钉牢、上缘涂上黏虫药带，既可阻止雌蛾上树产卵，又可防止树下幼虫孵化后爬行上树。黏虫药剂配制：黄油 10 份、机油 5 份、菊酯类药剂 1 份，充分混合即成。② 振虫，利用 1、2 龄幼虫的假死性，可敲树振落幼虫及时消灭。③ 人工杀卵，在环绕树干的塑料薄膜带下方绑一圈草环，引诱雌蛾产卵其中。自成虫羽化之日起每半月换 1 次草环，换下后烧掉，如此更换草环 3~4 次即可。④ 保护利用天敌，目前明确的有肿跗姬蜂、家蚕追寄蝇和彩艳宽额寄蝇，以枣尺蠖幼虫为寄主，一般老熟幼虫的寄生率可以达到 30%~50%。应注意保护。

（2）药剂防治。应在低龄幼虫期防治，此时虫口密度小，为害轻，且抗药性相对较弱。选用 45% 丙溴辛硫磷 1 000 倍液，或用 20% 氰戊菊酯 1 500 倍液 + 乐克（5.7% 甲维盐）2 000 倍混合液、或用 20% 杀灭菊酯 1 500~2 000 倍液喷杀幼虫，可连用 1~2 次，间隔 7~10 天。最好轮换用药，以延缓抗性的产生。

五、枣黏虫

1. 为害症状诊断识别

枣黏虫又称枣镰翅小卷蛾、卷叶蛾、包叶虫、黏叶虫等，属鳞翅目、小卷叶蛾科。是枣树的重要害虫之一。以幼虫食害枣芽、枣花、枣叶，并蛀食枣果，导致枣花枯死、枣果脱落，有些吐丝将小枝叶黏在一起进行为害，引起蕾、花、果脱落或干枯，发生大面积减产，严重时会导致绝收（图 6-12）。

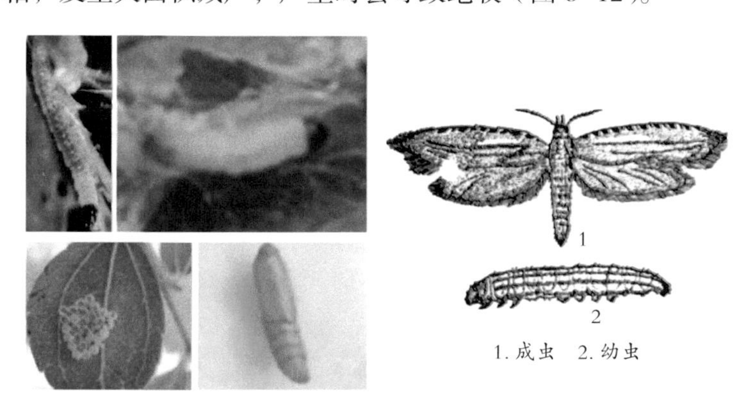

图 6-12　枣黏虫卵、蛹、幼虫、成虫及叶片被害症状

2. 防治措施

（1）农业防治。① 冬季刮树皮，消灭越冬蛹。枣黏虫越冬蛹以主干粗皮裂缝内多，在冬、春两季，刮掉树上的所有老翘皮并集中销毁，可消灭枣树皮下越冬蛹的 80%~90%。② 黑光灯诱杀成虫，利用成虫具有趋光性，在枣林设置黑光灯 + 糖醋液诱杀雌蛾，减少产卵量，降低发生概率。③ 秋季树干束草诱杀越冬害虫。幼虫越冬前（8 月中下旬），在枣黏虫第三代老熟幼虫越冬化蛹前，于树干或大枝基部束 33cm 宽的草帘，诱集幼虫化蛹，10 月以后取下草帘和贴在树皮上的越冬蛹茧集中销毁。

（2）药剂防治。① 生物防治，枣树生长期，特别是开花、结果期，为了解决药害和残留，有利于保护自然天敌和授粉昆虫，可通过释放赤眼蜂和使用生物农药的途径来解决。在枣黏虫第二、第三代产卵高峰期，每株释放松毛虫赤眼蜂 3 000~5 000 头，寄生率可达 85% 左右。喷洒生物农药青虫菌、杀螟杆菌 100~200 倍液，防治幼虫效果达 70%~90%。②用性诱剂诱捕法或迷向法进行防治。③ 当枣树嫩梢长到大约 3cm 时（即第一代幼虫孵化盛期）是药剂防治的关键期。可用 2.5% 溴氰菊酯乳油 4 000 倍液、30% 氧乐氰菊乳油 3 000 倍液、80% 敌敌畏乳油 1 000 倍液、90% 敌百虫 1 000 倍液、或用 40% 水胺硫磷乳剂 1 000 倍液、或用 50% 辛硫磷乳剂 1 000 倍液、或用 20% 杀灭菊酯乳油 2 000~4 000 倍液、或用 20% 灭扫利 3 000~4 000 倍液，均有很好的防治效果。

六、枣龟蜡蚧

1. 形态及为害诊断

枣龟蜡蚧属同翅目，蜡蚧科。广泛分布于我国各地，为害多达 100 多种植物，其中，大部分属果树。如寄主枣、石榴、苹果、柿、梨、桃、杏、柑橘、芒果、枇杷等树种。以若虫和雌成虫刺吸枝、叶汁液，排泄蜜露常诱致煤污病发生，削弱树势，重者枝条枯死（图 6–13）。

2. 防治措施

（1）农业防治。① 物理防治，结合冬季修剪，人工剪除有虫枝条、枣头，将树上的越冬雌虫刮除。在严冬雨雪天气，树枝结冰时，用杆振落，将害虫振下集中消灭。② 生物防治，主要保护和利用天敌，以红点唇瓢虫长盾金小蜂为常见。

图 6-13　枣龟蜡蚧形态及为害症状

（2）药剂防治。在落叶后到发芽前喷布 5%~10%柴油乳剂。生长期防治，若虫爬出母壳盛期和末期喷药 2 次。常用渗透性内吸药剂如 40%水胺硫磷乳油、40%氧化乐果乳油、40%速扑杀乳油均为 1 000 倍、或用 40%噻嗪·杀扑磷乳油 700 倍、或用 20%菊酯乳油 2 000 倍液，均有较好的防治效果。

七、枣粉蚧

1. 为害症状诊断识别

枣粉蚧又称柑橘粉蚧、紫苏粉蚧，属同翅目，粉蚧科，俗名“树虱子”。枣粉蚧主要以成虫和若虫为害枝条、叶片。枣粉蚧成虫扁椭圆形，体长约 2.5cm，背部稍隆起，密布白色蜡粉，体缘具针状蜡质物，尾部有一对特长的蜡质尾毛。若虫体扁椭圆形，足发达、腿褐色。卵椭圆形，由白色蜡质絮状物组成。以成虫和若虫刺吸枣枝和枣叶中的汁液，导致枝条干枯、叶片枯黄、树体衰亡，减产严

图 6-14　枣粉蚧形态

重。该虫黏稠状分泌物常招致真菌发生，使枝叶和果实变黑，如煤污状，也影响树势、枣果品质量及产量（图 6–14）。

2. 防治措施

（1）农业防治。① 刮老翘树皮，消灭越冬若虫。防治该虫要结合冬天的整枝修剪，剪去虫枝，集中烧毁。② 保护利用天敌，如体外寄生昆虫长盾金小蜂，体内寄生昆虫姬小蜂，其次还有瓢虫、捕食性昆虫等。

（2）药剂防治。① 枣树萌芽初期喷施 40%杀扑磷乳油 800~1 000 倍液、3~5 波美度石硫合剂或 45%石硫合剂晶体 40~60 倍液等、或用 2.5% 高效氯氟氰菊酯 2 000 倍液等。② 在若虫孵化高峰期喷阿维菌素、杀螟松、灭扫利、氯氰菊酯乳油、马拉硫磷等药剂，每隔 7 天喷施 1 次，连续喷施 2~3 次效果更佳。由于粉蚧背上有粉状蜡质，所以，浓度应适当提高，以便药剂能接触到虫体。

八、枣锈壁虱

1. 为害症状诊断识别

枣瘿螨又名枣树锈壁虱、枣叶壁虱等。属蛛形纲，蜱螨目、瘿螨科。以成螨和若螨为害枣树的叶、蕾、花和果实，影响枣的产量和品质，严重时，造成整枝、整株绝产。枣锈壁虱是一种小型螨类，成虫体长 0.15mm，体宽 0.06mm，体形呈胡萝卜形。卵圆球形，极小，乳白色，表面光滑，有光泽，多沿叶脉散产；若螨体白色，初孵时半透明，体形与成螨相似。枣锈壁虱从枣树萌芽期开

图 6–15　枣锈壁虱及为害症状

始活动，一年有 2 次发生高峰，第一次高峰在 5 月底 6 月初，最高峰期在 6 月中旬，随着高温的到来，虫体成堆或并排返回鳞芽越夏；第二次高峰期在 8 月下旬至 9 月中旬，9 月下旬逐渐返回芽鳞越冬，10 月中旬全部进入越冬期。这 2 次高峰期，以 5 月底 6 月虫口密度最高，为害最重，是防治的关键时期（图 6-15）。

2. 防治措施

（1）农业防治。① 越冬前及早剪除病虫枝叶，清出园区，同时合理进行夏季修剪，使树冠通风透光，减少虫害发生。② 保护和利用天敌控制，园中天敌主要以刺粉虱黑蜂、黄盾恩蚜小蜂等最为有效。③ 加强枣园管理，科学施肥，培养健壮树体，提高抗虫力。

（2）药剂防治。① 在发芽前（芽体膨大时效果最佳）喷施 1 次 3~5 波美度的石硫合剂，可杀灭在枣股上越冬的成虫或老龄若虫。② 在芽后 20 天左右（5 月底 6 月初）枣锈壁虱发生为害的初盛期集中防治，用 15%哒嗪酮乳油 3 000~4 000 倍液，或用 1.8% 阿维菌素 3 000~5 000 倍液喷雾防治，或用 40% 硫悬浮剂 300 倍液。发生严重的年份，可于 8 月中下旬再防治 1 次，用 20% 灭扫利 2 000 倍液、20% 三唑锡 1 000 倍液、20%螨死净 2 000 倍液喷施。

第七章 猕猴桃病虫害

第一节　猕猴桃病害

一、猕猴桃根腐病

1. 为害症状诊断识别

猕猴桃根腐病属毁灭性真菌病害，从猕猴桃苗期到成株期均可发病，能造成根颈部和根系腐烂，严重时整株死亡。感病初期在根颈部出现暗褐色水渍状病斑，后逐渐扩大产生白色绢丝状菌丝。病部皮层和木质部逐渐腐烂，有酒糟气味，下面的根系逐渐变黑腐烂。病株地上部萌芽迟，新梢细弱、叶片小、长势弱，叶片变黄脱落，严重时树体萎蔫死亡（图 7-1）。

2. 防治措施

（1）农业防治。① 浇水过多，果园积水，施肥距主根较近或施肥量大，翻

图 7-1　猕猴桃根腐病症状与为害状

地时造成大的根系损伤，栽植过深，土壤板结，土壤养分不足，栽植时苗木带菌，这些情况都容易引发根腐病。② 培养无病苗木，猕猴桃育苗应在多年种植禾本科植物的无病地进行，施肥以充分腐熟的厩肥或饼肥为主，当 pH 值大于 8 时，不能栽培，须经改良后使 pH 值呈中性或弱酸性后再栽培。③ 在新建果园时，清除栽培土坑内所有植物残体，防止病菌传播。④ 切忌大水漫灌或串树盘灌，有条件的，提倡喷灌或滴灌。⑤ 合理负载，挂果量过大，容易引起树势衰弱，抗性下降。

（2）药剂防治。① 对已感病的成龄果园，可用 1.5% 菌立灭 600 倍或 40% 多菌灵 400 倍灌根，每树灌 2~3kg 药液，每隔 15 天灌 1 次，连灌 2~3 次，均能抑制根腐病和提高猕猴桃单株产量。② 发现病株时，将根颈部土壤挖开，刮除病部及边缘少许健全部分，并用 0.1% 升汞消毒后，涂上波尔多液浆，半月后换新土盖上，刮除创面较大时，要涂接蜡保护，并追施腐熟粪肥液水，以恢复树势。

二、猕猴桃黑斑病

1. 为害症状诊断识别

猕猴桃黑斑病主要为害叶片、嫩枝蔓和果实，初期感病叶片背面形成灰色绒毛状小霉斑，以后病斑逐渐扩大，呈灰色、暗灰色或黑色绒霉层，多个小病斑联合成大病斑，甚至整叶枯萎、脱落。在病斑部对应的叶面上出现黄色褪绿斑，以后逐渐变成黄褐色或褐色坏死斑。枝蔓病部表皮出现黄褐色或红褐色水渍状的纺锤形或椭圆形病斑。病斑继而出现凹陷，而后扩大，并发生纵向开裂，肿大形成愈伤组织，表现典型的溃疡状病斑，病部表皮或坏死组织产生黑色小粒点或灰色绒霉层。果实出现病斑，初为灰色绒毛状小霉斑，逐渐扩大，绒霉层脱落，形成 0.6cm 左右的近圆形凹陷病斑，刮去表皮可见果肉呈褐色至紫褐色坏死，形成锥状硬块。果实后熟期间果肉最早变软发酸，不堪食用（图 7-2）。

2. 防治措施

（1）农业防治。①冬季彻底清园，结合修剪，彻底清除枯枝，落叶，剪除病枝，消除病源。②发病初期，于 5—6 月及时剪除发病枝条、摘除感病叶片。③加强果园管理，培育健壮树体，增强抗病性。

（2）药剂防治。① 春季萌芽前喷布 1 次 3~5 波美度的石硫合剂。② 结果期间用 70% 甲基硫菌灵可湿性粉剂 1 000 倍液于花芽膨大至终花期进行第一次

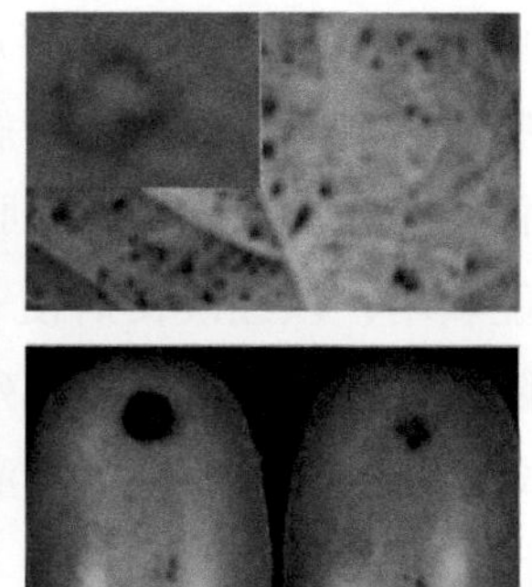

图 7-2　猕猴桃黑斑病症状

喷药，以后每隔 15~20 天喷 1 次，连续喷药 4~5 次，或者用 1∶2∶200 波尔多液+50% 多菌灵 600 倍液，连续喷药 2~3 次，即可控制病害。

三、猕猴桃叶枯病

1. 为害症状诊断识别

猕猴桃叶枯病有两种表现，生理性叶枯病和褐斑病都能够导致猕猴桃叶片干枯萎蔫，俗称干叶病，是一种生理性病害，无病源菌侵染。发病症状表现 3 种情况：一是叶缘干枯翻卷；二是叶片沿主脉呈放射状干枯；三是叶柄出现缢缩，造成落叶。叶部病害在果实上的表现是果面出现指甲大的病疤，引起落果（图 7–3）。

2. 防治措施

（1）农业防治。① 加强栽培管理，多施有机肥，避免中午高温时段浇水，避免果园土壤过干或过湿，合理留枝，科学夏剪，培养健壮树体，增强抗病性。② 果园种草，可蓄水保墒、增加土壤有机质含量、减少水分蒸发和径流，对防止果园水分流失、改善土壤结构、调节土壤温湿度效果显著。③ 种植遮阴作物，如幼园间套绿肥、大豆、春玉米、甘薯等。④ 合理留果，合理负载量。⑤ 勤检查根部，发现根部病害及时防治。

（2）药剂防治。防治生理性叶枯病以农业措施为主，积极辅以药剂防治，防止该病扩展蔓延，用 70% 甲基硫菌灵可湿性粉剂 1 000 倍液、或者用 1∶2∶200 波尔多液 +50% 多菌灵 600 倍液，即可控制病害。注意喷药时尽量避开高温和有露水时段，喷药量要大，叶片正反面均匀喷到，连喷 2~3 次，每次相隔 7~10 天。

图 7-3　猕猴桃叶枯病症状

四、猕猴桃溃疡病

1. 为害症状诊断识别

猕猴桃溃疡病是一种严重为害猕猴桃的细菌性病害，具有隐蔽性、爆发性和毁灭性的特点，病害严重时引起植株死亡，甚至导致毁园。猕猴桃溃疡病的病源菌为丁香假单胞杆菌猕猴桃致病变种，为害新梢 、枝蔓、叶片和花蕾，以为害1~2 年生枝梢为主，多从茎蔓叶痕、幼芽、嫁接口、剪锯口、枝杈、皮孔等部位侵入，并隐藏在树体内，条件适宜大量繁殖，引起发病。病斑处呈黄褐色或锈红色。叶片感病多在新生叶片上发生，初出现褪绿小点，水渍状，后发展成不规则形或多角形、暗褐色斑点，病斑周围有较宽的黄色晕圈，重病叶向内卷曲，枯焦、易脱落。花蕾受害后不能张开，变褐枯死后脱落，受害轻的花蕾虽能开放，但速度较慢或不能完全开放，这样的花可能脱落也可能坐果，但形成的果实较小，易脱落或成为畸形果（图 7-4）。

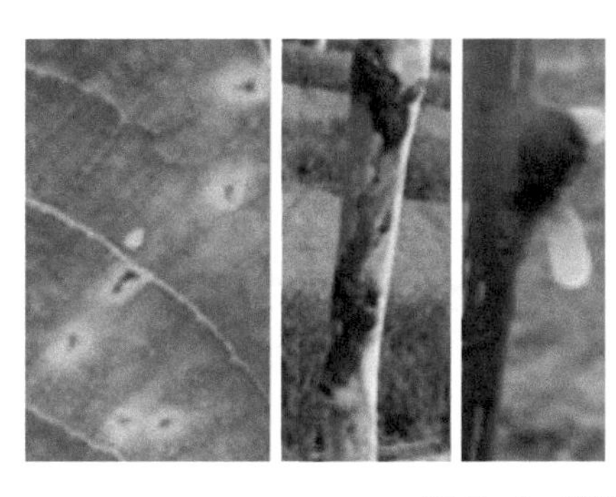 

图 7-4　猕猴桃溃疡病症状

2. 防治措施

（1）农业防治。① 选用抗病砧木和品种，野生猕猴桃抗逆性、抗病性强，育苗时选作砧木最好，抗病品种应选用秦美、徐香、哑特、海沃德等优良品种。② 选用健壮无病菌苗木，从源头上防治，严禁栽植带菌苗木或在溃疡病发生区繁殖猕猴桃苗木、采集接穗，防止嫁接传染。③ 合理控制产量，适宜负载量，推广平衡、配方施肥，多施有机肥，少施化肥，慎重使用“大果灵”（含吡效隆）等植物生长调节剂。④ 入冬后彻底清除果园内枯枝、病枝、烂果及废弃物，刮老树皮，集中烧掉消灭病菌及寄生的有关害虫。⑤ 预防低温冻害，如秋末冬初采取树干缠草、基部培土、树干涂白、树盘灌水等措施，减少冻伤口，防止病菌入侵。

（2）药剂防治。① 冬剪后至萌芽前全园喷布杀菌剂 70% 甲基硫菌灵 600 倍液或 4~5 波美度石硫合剂。② 落叶前喷 1 次保护性杀菌剂，在嫁接口上下、枝蔓分叉处涂抹杀菌剂 1~2 次，对全树枝蔓喷 1 次药剂，防止溃疡病菌从果柄、叶柄痕向枝蔓内的侵入。选用 EM 菌剂，或用“溃腐灵”和“靓果安”500 倍液。③ 生长期间，用 65% 的代森锌或代森锰锌 500 倍液或 50% 的退菌特 800 倍液同时加入 0.3%~0.4% 磷酸二氢钾及 0.2%~0.3% 硼肥喷施。为促进药剂渗透，加入 818 有机硅或柔水通等辅助剂防治效果更佳。

五、猕猴桃花腐病

1. 为害症状诊断识别

为细菌性病害。主要为害花蕾和花，其次为害幼果和叶片，从花蕾、花瓣、花蕊、花梗到叶片、枝条均能受害。引起大量落花落果，还可造成小果和畸形果。症状是病菌侵入后，花蕾萼片上有褐色凹陷斑块，当侵入花蕾内部后花瓣变为橘黄色。花开放时，里面组织已腐烂，病花很快脱落。为害不严重时，花也能开放，但开得很慢，同时花瓣变褐腐烂，似烫伤状。干枯后的花瓣黏在幼果上面不脱落。当病菌从花瓣扩展到幼果时，引起幼果变褐萎缩，受害果大多在花后一周内脱落。个别受害的雌花也能结果，但果小或畸形，种子少或无种子。该病菌也能为害叶片，受害叶片正面形成深褐色病斑。周边有黄色晕圈，叶背面呈灰色或深褐色。病菌在芽痕内越冬。发病率常受气候的影响，花萼裂开的时间越早，开花时间越长，发病概率越大，发病越严重，现蕾至开花期遇阴雨低温天气或园内湿度太大时，发病较重（图 7–5）。

图 7-5　猕猴桃花腐病症状

2. 防治措施

（1）农业防治。① 加强果园培肥管理，提高树体的抗病能力。② 秋冬季深翻扩穴增施大量的腐熟有机肥，保持土壤疏松，以速效磷肥为主、微肥、钾肥适量配合。③ 适时中耕除草，及时将病花、病果捡出深埋处理，减少病菌源数量。

（2）药剂防治。① 冬季用 5 波美度石硫合剂对全园进行喷雾处理。② 开春芽萌动期间用 3~5 波美度石硫合剂或靓果安全园喷雾。③ 展叶期用 65% 的代森锌或代森锰锌 500 倍液或 50% 的退菌特 800 倍液或 0.3 波美度的石硫合剂喷洒全树，每 10~15 天喷 1 次，特别是在猕猴桃开花初期要重防 1 次。

六、猕猴桃软腐病

1. 为害症状诊断识别

猕猴桃软腐病主要为害花和果实，受害花呈水渍状，变软变褐，不能开放；果实受害，多从果蒂或果侧开始发病，也有从果脐开始的，病果表面凹陷软腐，受害病果易腐烂脱落。感病果实内部的果肉发生软腐，失去食用价值，表现为果肉出现大小不等的凹陷，剥开凹陷部的表皮，病部中心乳白色，周围呈黄绿色，外围浓绿色呈环状，果肉软腐。猕猴桃软腐病的主要病源菌是拟茎点真菌、葡萄座腔菌、链格孢菌及盘多毛孢菌，均属真菌性病害。以拟茎点真菌为猕猴桃果实软腐病的主要致病菌，初期外观诊断困难（图 7-6）。

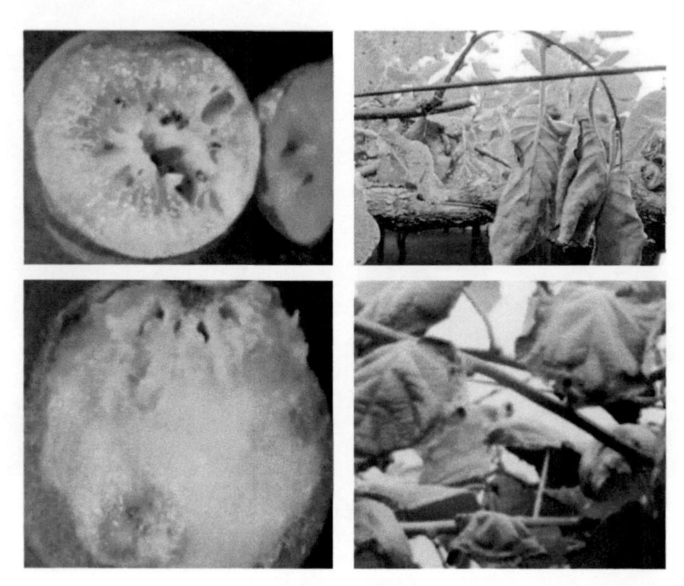

图 7-6　猕猴桃软腐病

2. 防治措施

（1）农业防治。① 适当晚采，正常采收指标是可溶性固形物含量 6.5%，为降低软腐病果率，对中晚熟品种可在可溶性固形物含量 8%~9% 时采收，贮藏果的贮藏性能会更好，品质更有保证。② 选择土层深厚、肥沃、排水良好、通风采光条件好的地方建园。③ 增施有机肥，改良土壤，增强树势，提高抗病力，减少病原基数。④ 冬前彻底清园，冬剪后的枝条、枯枝、果梗、叶片等要集中烧毁或深埋。⑤ 果实收获后入库前应严格进行挑选，对冷藏果贮藏至 30 天和 60 天时分别进行 2 次挑拣，剔除伤果、病果。

（2）药剂防治。① 发芽前用 3~4 波美度石硫合剂喷布全园 1 次、或用 50% 乙烯菌核利可湿性粉剂、40% 菌核净、50% 异菌脲、50% 速克灵可湿性粉剂 1 000 倍液预防。② 生长前期 6—7 月对果实进行套袋，注意套袋前要对果实、树体喷施 65% 的代森锌或代森锰锌 500 倍液或 50% 的退菌特 800 倍液杀菌剂。③ 或喷施靓果安 600 倍液，在发病始期和前期喷花或果实 2 次，防效更好。

七、猕猴桃根结线虫病

1. 为害症状诊断识别

猕猴桃根结线虫病，病源菌为线虫，由爪哇根结线虫和南方根结线虫组成的混合种群，以爪哇根结线虫为优势种。该病原线虫寄主范围极广，以成虫、幼虫和卵在土壤中或寄主根部越冬，以幼虫侵染新根。此病以种苗、带病土、水源、农具、人畜等方式传播。在植株受害嫩根上产生细小肿胀或小瘤，数次感染则变成大瘤。线瘤初期白色，后变为浅褐色，再变为深褐色，最后变成黑褐色。受根结线虫为害的植株根系发育不良，细根呈丛状，大量嫩根枯死，根系发枝少，且生长短小，对幼树影响较大（图 7-7）。

2. 防治措施

（1）农业防治。① 猕猴桃定植选地及苗圃地不要利用种过葡萄、棉花、番茄及果树的苗圃地。② 加强田间管理，合理密植，做好整形修剪，改善园内通风透光条件。③ 多施腐熟有机肥，改良土壤，提高土壤的通透性，为猕猴桃根系发育创造良好条件。④ 引进种苗要严格检疫，发现带根结线虫病瘤的及时淘汰或烧毁，健株栽前在 44~46℃的温水中浸泡 5 分钟消毒。⑤ 在果园中最好套种些能抑制根结线虫的植物，如猪屎豆、苦皮藤、万寿菊等，对根结线虫有一定的抑制作用。

（2）药剂防治。① 建园时对种苗进行药剂处理，防治带菌栽植，将根部浸泡在 1% 的杀线虫药液中 1 小时（用多菌灵、异丙三唑硫磷、克线丹或克线磷等复配）。② 有根结线虫的园地定植前每亩用 10% 克线丹 3~5kg，进行穴（沟）

图 7-7　猕猴桃根结线虫病症状

施，然后翻入土中。猕猴桃园中发现轻病株可在病树冠下 5~10cm 的土层撒施 10% 克线丹或克线磷（每亩撒入 3~5kg），施药后要浇水，提高防治效果。③ 苗圃地发现病株，可用 1.8% 爱福丁乳油每亩用 750g 对水 200L，浇施于耕作层（深 15~20cm），效果较好，药效期长达 2~3 个月。

（3）生物防治。猕猴桃果园覆草与不覆草的对比调查发现，覆草后的果园每 100g 腐烂草中有腐生线虫 5 000 条以上，而没有覆草的果园腐生线虫却很少。腐生线虫越多，捕食根结线虫的有益生物就越多，可以起到对根结线虫的生物防治作用，这与国外报道的试验相似。

第二节　猕猴桃虫害

一、猕猴桃金龟子

1. 为害症状诊断识别

为害猕猴桃的金龟子种类有 10 多种，主要有茶色金龟、小青花金龟、小绿金龟、白星金龟、斑啄丽金龟、黑绿金龟、华北大黑鳃金龟（朝鲜大黑鳃金龟）、黑阿鳃金龟、华阿鳃金龟、二色希鳃金龟、无斑弧丽金龟、中华弧丽金龟和铜绿金龟子等。食性很杂，几乎所有植物种类都吃，以幼虫和成虫为害植株。成虫吃

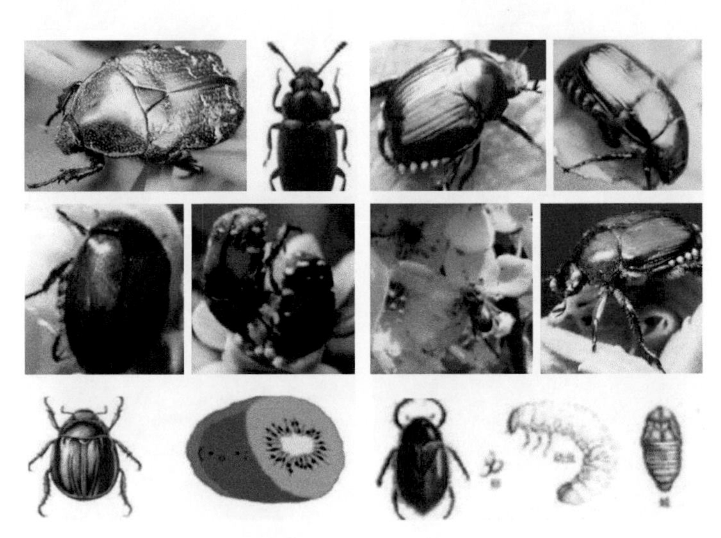

图 7-8　猕猴桃金龟子形态及为害症状

植物的叶、花、蕾、幼果及嫩梢，造成减产甚至绝收。幼虫在地下为害植株根系，主要啃食植株的根皮和嫩根，为害的症状为不规则缺刻和孔洞，影响根系的营养吸收、伤口感病。并于冬天来临前，以2~3龄幼虫或成虫状态，潜入深土层，营造土窝（球形），将自己包于其中越冬（图7-8）。

2. 防治措施

（1）农业防治。① 利用金龟子成虫的假死性，在其集中为害期，于傍晚、黎明时分，晃动枝蔓，使其落地，捡拾装入玻璃瓶，密封致死。② 利用金龟子成虫的趋光性，在其集中为害期，于晚间用蓝光灯诱杀，灯下放水缸，盛水并滴入少量机油，扑灯的金龟子掉入缸中，沾上油即不能飞。③ 利用成虫的趋化性，在其集中为害期，晚上在田间放置糖醋药液的罐头瓶诱杀。糖醋液配置用白糖：食醋：水为3:4:2的比例再加适量90%晶体敌百虫配制而成。大约每亩地放10瓶，早晨收瓶，防止人畜中毒。④ 在蛴螬或金龟子进入深土层之前，或越冬后上升到表土时，中耕苗圃地和果园，在翻耕的同时，放鸡食虫或人工拣拾幼虫。

（2）药剂防治。① 在苗圃播种或栽苗之前结合整地，用5%甲基异柳磷解体型颗粒剂，每亩需用1.5~2.5kg均匀撒于土壤表层后，深翻20~30cm，以防蛴螬。② 花前2~3天的花蕾期里，喷布50%马拉硫磷乳剂1 000~2 000倍液，或用75%辛硫磷乳剂1 000~2 000倍液，或用50%速灭威粉剂500倍液，或用乐果乳剂1 000倍液，或用灭扫利3 000~4 000倍液。花后再喷1次更好。③ 生长期内可选用20%速灭杀丁3 000倍液，或用50%速灭威500倍液，50%马拉硫磷乳剂1 000~1 500倍液。2.5%溴氰菊酯或速灭杀丁2 000~3 000倍液。

二、猕猴桃小薪甲

1. 为害症状诊断识别

小薪甲属于鞘翅科目中的一种咀嚼式的害虫，体形象针尖大小的黑褐色或棕红色的小甲壳虫，在猕猴桃产区每年发生两代，小薪甲对猕猴桃的为害表现为，由于小薪甲虫体小、隐蔽性强、不易被发现，繁殖速度快，喜欢群集活动，一般对单果不为害，只在两果相邻的夹缝中为害果面，受害果面出现针头大小的孔斑，果实表面细胞形成木栓化凸起结痂，表皮下果肉坚硬、无味，形成次果，失去商品价值。小薪甲一般在开花之后（5月20日左右），在猕猴桃上出现，刚开始在树体嫩梢的顶部和叶片的背面，随后小薪甲由叶背面逐渐向果实上转移，6

月中旬果实的夹缝形成，此时，第一代的成虫虫口猛增，随之潜入果实夹缝中群集一起，进入为害高峰期（7 月中旬）。正常年份 5 月 20 日、5 月 30 日和 6 月 10 日为最佳防治期（图 7–9）。

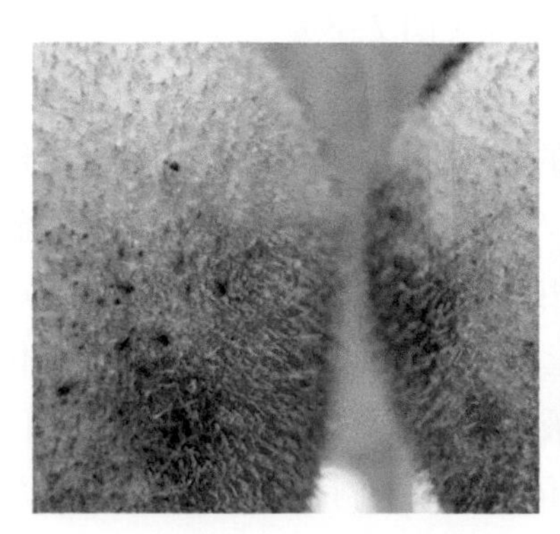
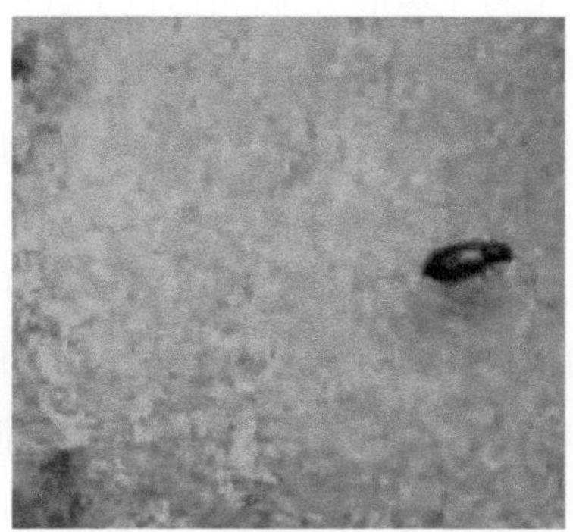

图 7–9　猕猴桃果实钻蛀性害虫东方小薪甲为害症状

2. 防治措施

（1）农业防治。① 冬前及早清除园内枯枝落叶、病枝病果，烧毁或深埋。② 加强果园培肥管理，秋冬季深翻扩穴增施大量的腐熟有机肥，保持土壤疏松，以速效磷肥为主，微肥、钾肥适量配合，提高树体的抗病虫能力。③ 适时中耕除草，及时将病花、病果捡出深埋处理，减少病虫数量。

（2）药剂防治。①可选用 25% 灭幼脲 1 500~2 500 倍液、或用 50% 辛硫磷乳油 1 000 倍液、或用 25% 杀灭菊酯、溴氰菊酯等乳剂 1 500 倍液喷施。②选用熏蒸性药剂如 80% 敌敌畏乳剂、90% 敌百虫晶体粉剂 1 000~1 500 倍液喷施，杀死或驱除该类害虫。③用渗透性强、内吸性杀虫杀菌剂 40% 安民乐乳油 1 200~1 500 倍液 +25% 金力士乳油 1 500 倍液 + 柔水通 4 000 倍液（兼治褐斑病），或 5% 高效氯氟氰菊酯微乳剂 3 000 倍液 + 柔水通 4 000 倍液，均有较好的防治效果。

三、猕猴桃螨虫

1. 为害症状诊断识别

为害猕猴桃的螨虫有红、白蜘蛛、二斑红蜘蛛，近年来还发现有一种黄蜘蛛，果农通称红蜘蛛。猕猴桃螨虫体形非常小，主要以刺吸式口器吸食叶片汁液或幼嫩组织汁液，从而造成为害。二斑红蜘蛛体内（背上）有两道黑色斑环而得名。猕猴桃螨虫以潜伏在叶子背面（叶片正面也有分布），用刺吸式口器吸食叶片和幼嫩枝条汁液，受害叶片出现失绿的小褐黄点，为害重的叶缘上卷，最后枯黄脱落。摘下叶片仔细观察，叶片背面的叶脉周围有一层细薄网罗，或不规则形的晕圈。为害严重时，叶片表面呈现密集苍白的小斑点，受害部位失绿发白，黄焦干枯、卷叶、落叶，树势变弱甚至死亡等现象，果实膨大缓慢，形成次果，影响产量，而且红蜘蛛还是病毒病的传播介体（图 7-10）。

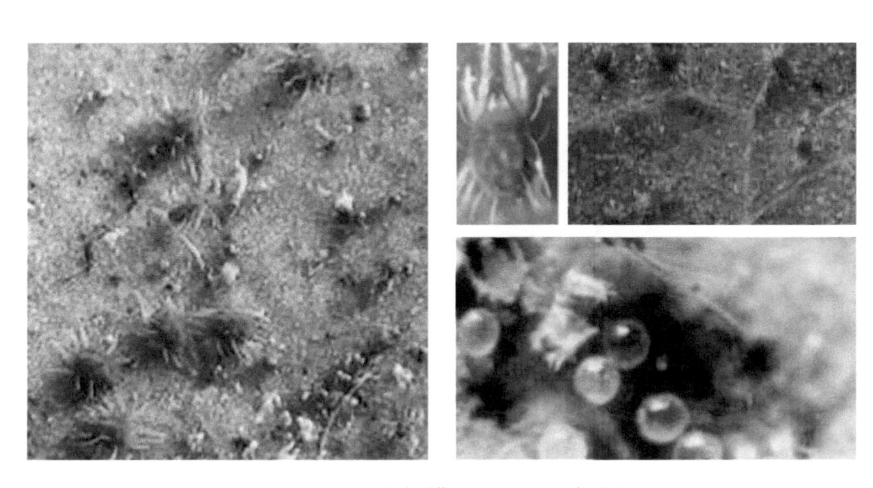

图 7-10　猕猴桃螨虫形态及为害症状

2. 防治措施

（1）农业防治。① 及时彻底清除果园田间、地埂、渠边落果、落叶、病枝、杂草，减少叶螨的食料和繁殖场所，降低虫源基数。② 保护和利用草蛉、瓢虫等益虫天敌，充分利用天敌控制叶螨为害。③ 加强果园栽培管理，合理灌水，避免过干，尤其是在高温季节，增强树势，提高果树抵抗病虫害的能力。

（2）药剂防治。① 在红蜘蛛发生初期及时防治，用 73% 的克螨特 1 000 倍液、25% 灭螨锰 1 200 倍液、20% 复方浏阳霉素 1 000 倍液等。每隔 7~10 天喷 1 次，连续喷洒 3 次左右。喷药的重点是植株上部，尤其是幼嫩叶背和嫩茎，对田间发病重的植株加大喷药量。② 或用 20% 扫螨净 2 000 倍液、或在猕猴桃萌芽前喷施 3~5 波美度石硫合剂或其他药剂如功夫、灭扫利、阿维毒死蜱 2 000~3 000 倍等，达到病、虫、卵并杀的目的，连续喷施 2~3 次，防治效果更佳。③ 也可选用 20% 三唑锡悬浮剂 1 500 倍液，15% 哒螨灵乳剂 2 000~3 000 倍液、10% 乙螨唑悬乳剂 5 000~6 000 倍液、20% 联苯肼酯悬浮剂 2 000~3 000 倍液、24% 螺螨酯悬浮剂 4 000 倍液防治，虫、卵兼治。

四、猕猴桃叶蝉

1. 为害症状诊断识别

为害猕猴桃的叶蝉主要有桃一点斑叶蝉、小绿叶蝉、二斑叶蝉等，均以成虫、若虫吸食嫩芽、叶片和枝梢的汁液进行为害，传染病菌或病毒，叶面受害初期表现为黄白色斑点，逐渐扩展成片，严重时整片叶变白且有早落现象，造成树体衰弱、减产。叶蝉外形似蝉，黄绿色或黄白色，可行走、跳跃。卵产于叶背靠近主脉的叶肉内随主脉呈条状。少量产于侧脉附近的叶肉内（图 7-11）。

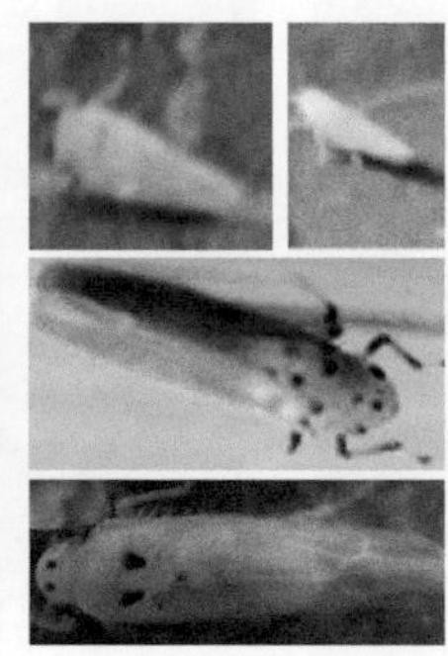
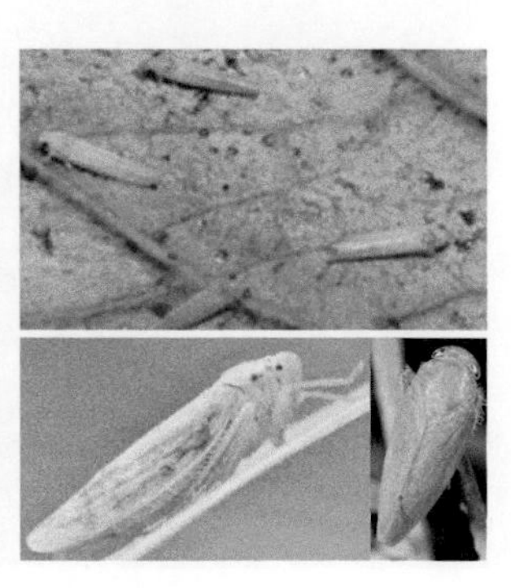

图 7-11　猕猴桃叶蝉若虫刺吸式害虫形态

2. 防治措施

（1）农业防治。① 加强果园管理，合理施肥灌水，培养健壮树势，增强树体抗病虫能力。② 科学修剪，剪除病残枝及茂密枝，调节树体内堂通风透光程度，结合修剪清理果园，清除果园内和四周杂草，冬季绿肥及时翻耕回田，减少滋生场所降低虫源基数。③ 选择栽培抗性品种，猕猴桃中如金魁品种较抗病。中华猕猴桃中叶片较厚的“金农一号”“武植 3 号”等品种抗病性强。

（2）药剂防治。成虫发生盛期喷布 40% 乐果 1 000 倍液、或用 10% 多来宝 2 500 倍液、或用 25% 敌杀死 3 000 倍液均可。药剂要交替使用，间隔 10 天左右，连续喷药 2~3 次效果更佳。

五、猕猴桃斑衣蜡蝉

1. 形态及为害诊断

斑衣蜡蝉属同翅目蜡蝉科，是猕猴桃的主要害虫之一。为害方式是以成虫、若虫吸食猕猴桃茎、叶、果的汁液，被害叶片开始出现针眼大小的黄色斑点，不久变成黑褐色、多角形坏死斑，后穿孔，数个孔连在一起成破裂叶片，有时被害叶向背面卷曲。斑衣蜡蝉的排泄物似蜜露，常招致蜂、蝇和真菌寄生。真菌寄生后，枝条变为黑褐色，树皮枯裂，严重时树体死亡。以卵块在树体阳面或枝蔓分叉的隐蔽处越冬。成、若虫均有群集性，卵聚产成块，卵粒平行排列整体，每个卵块有卵 40~50 粒，卵块上覆盖有 1 层土灰色覆盖物。若虫体扁平，初龄若虫黑色有白斑点，末龄若虫红色有黑斑和白斑（图 7–12）。

图 7–12　刺吸式害虫斑衣蜡蝉成虫、若虫形态

2. 防治措施

（1）农业防治。① 冬季及早清洁田园，刮除卵块烧毁。② 在猕猴桃果园内或四周附近不要种植臭椿树、苦楝树等该害虫喜食的寄主植物，以减少虫源。③ 生长期间，及时剪除虫枝，铲除卵块，减少传播源。

（2）药剂防治。① 在若虫孵化后，用 40% 氧化乐果 1 000 倍溶液，或用 90% 敌百虫 1 500 倍溶液喷洒。② 也可选用 2.5% 氯氟氰菊酯乳油 1 500 倍、或用 48% 毒死蜱乳油 2 000 倍、或用 2.5% 溴氰菊酯乳油 2 000 倍喷雾防治。③ 或用 2.5% 绿色功夫 2 000 倍液，10~15 天喷布一次，交替喷布杀灭成虫、或在幼虫期全园喷布 40% 安民乐乳油 1 000~1 500 倍液 2~3 次，喷药力求均匀周到，不留死角。

六、猕猴桃椿象

1. 为害症状诊断识别

猕猴桃椿象又称梨蝽、花壮异蝽，俗称臭板虫，属半翅目，蝽科。不但为害猕猴桃，也为害苹果、梨、桃、杏、李子、樱桃等。以成虫和若虫吸食果树的花、芽、叶、枝和果实等汁液，在刺吸树体汁液时还可能传播病菌，严重时导致树体死亡干枯，果实脱落，该虫在猕猴桃产区普遍发生，在为害过程中还产生煤污病，使果实和叶片发生煤斑状污染，叶片不能进行光合作用而干枯。刺吸受害后的树体易衰弱，产量降低。果实表面产生煤状斑片属等外果，商品价值降低（图 7–13）。

图 7–13　刺吸式害虫椿象（刚孵化的若虫）、成虫

2. 防治措施

（1）农业防治。① 越冬前彻底清除园中落叶落果病枝枯枝，从源头上降低基数。② 改良栽培办法，合理施肥，适中修剪提高光合效率，使园内通风透光，促其茁壮生长，提高树体抗性。③ 刮老树皮，尤其下部老皮，消灭藏在里边害虫，刮后集中烧掉，消灭越冬幼虫。④ 人工捕杀，在主蔓上束草带让虫卵产在草带里，可集中消灭卵块。

（2）药剂防治。于春、夏为害期树上喷药，可喷布 90% 敌百虫 800~1 200 倍液，或用 80% 敌敌畏乳油 1 000 倍液、40% 乐果乳油 800 倍液。也可用 20% 杀灭菊酯乳油 3 000 倍液、2.5% 溴氰菊酯乳油 3 000~4 000 倍液，如混加洗衣粉 500 倍液效果更佳。

第八章 石榴树病虫害

第一节 石榴树病害

一、石榴干腐病

1. 为害症状诊断识别

石榴干腐病，主要为害果实，在蕾期、花期发病，花冠变褐，花萼产生黑褐色椭圆形凹陷小斑。幼果发病表面发生豆粒状大小不规则浅褐色病斑，逐渐变为中间深褐，边缘浅褐的凹陷病斑，再深入果内，直至整个果实变褐腐烂。在花期和幼果期严重受害易造成早期落花落果，果实膨大期至初熟期感病则不再落果，常干缩成僵果悬挂在枝梢。主要以菌丝体或分生孢子在病果、果台，枝条内越冬，翌年 4 月中旬前后，越冬僵果及果台的菌丝产生分生孢子是当年病菌的主要传播源，病源菌随雨水从寄主伤口或皮孔处侵入（图 8-1）。

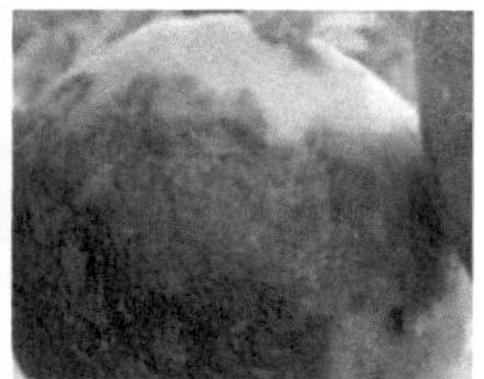

图 8-1 石榴干腐病症状

2. 防治措施

（1）农业防治。① 清除侵染源，果实采收后，及时清除园中病果、病枝、病台、落叶、僵果，集中深埋或烧毁。② 改善树体通风透光条件，合理冬春修剪。③ 适时套袋保护，套袋过早过晚对果实大小、感病程度影响很大，以后果实直径达 6cm 以上时（6 月下旬），喷 1 次果然好 800 倍 + 康翠 1 000 倍药液后及时套上纸袋，扎实袋口，套袋除防治干腐病外，还可兼防疮痂病和桃蛀螟，并可起到提高果面光洁度的作用。

（2）药剂防治。① 冬季清园时喷 40% 福美胂可湿性粉剂 600 倍液、或用 3~5 波美度石硫合剂、或用 30% 碱式硫酸铜悬浮液 400 倍液。② 生长期间喷 1∶1∶160 波尔多液、或用 80% 代森锰锌可湿性粉剂 800 倍液、50% 多菌灵可湿性粉剂 800 倍液，间隔 15 天左右，连喷 3~4 次。

二、石榴溃疡病

1. 为害症状诊断识别

石榴溃疡病又称烂果病，主要为害果实、树干、枝条。为害果实时，先在果皮上出现黄色水渍状斑点，扩展迅速，果肉腐烂，能挤出黄褐色汁液，病果表面果腐，病斑初期为淡褐色，后变暗褐色至黑色，果皮皱（但幼果果皮不皱），最后整个果实黑腐。为害树枝、树干时，初期病部树皮淡褐色，病痕沿茎上下扩展，病部两侧病健交界处有裂痕，树皮呈溃疡状，木质部外层褐色至黑褐色，随着病组织的扩展，茎溃疡裂皮症状加重，树皮沿病痕裂开，如果病部发展到绕树干 1 周，则病株死亡。在病树的树皮上可见子囊果和分生孢子器（图 8–2）。

  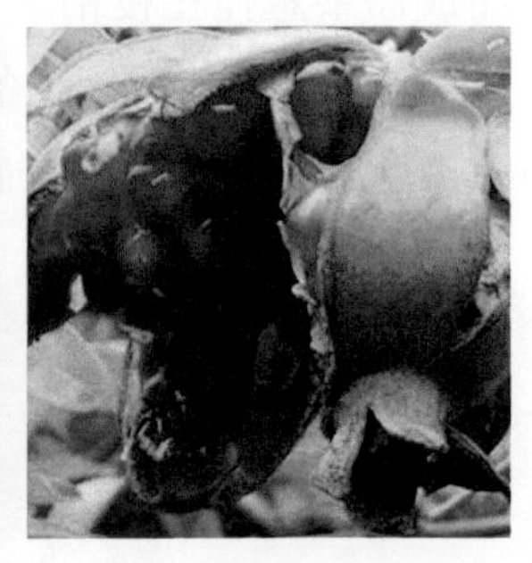

图 8–2　石榴溃疡病症状

2. 防治措施

（1）农业防治。① 加强栽培管理，增强树势，对密植园要通过修剪解决下部枝叶的光照问题，提高树体抗病力。② 选用抗病品种。③ 结合冬剪，及时剪除病枝，生长季节也要注意及时清除病果或病枝，集中深埋或烧毁。

（2）药剂防治。发病初期及中期喷施阿依达 1 000 倍液、或用 1∶2∶200 倍式波尔多液、或用 45% 晶体石硫合剂 300 倍液、75% 达克宁可湿性粉剂 700 倍液、50% 可灭丹可湿性粉剂 800 倍液、36% 甲基硫菌灵悬浮剂 600 倍液等，保护枝干和果实。果实生长期喷施靓果安 300~500 倍液、沃丰素 600 倍液 + 大蒜油 1 000 倍 + 有机硅，间隔 10 天左右，连续喷施 3 次以上效果更佳。

三、石榴褐斑病

1. 为害症状诊断识别

石榴褐斑病又名角斑病，是石榴的常见病害，主要为害叶片和果实，发病初期叶面上产生针眼大小的斑点，呈紫红色，边缘有绿圈，后变为黑褐色小斑点，扩展后近圆形，病斑边缘黑色至黑褐色，微凸，中间灰褐色；叶背面与正面的症状相同。果实上的病斑近圆形或不规则形，黑色微凹，亦有灰色绒状小粒点，果实着色后病斑外缘呈淡黄白色。病害严重时可使叶片落光，植株逐渐枯萎，不仅影响当年树势和产量、果品质量，更影响翌年开花结果（图 8–3）。

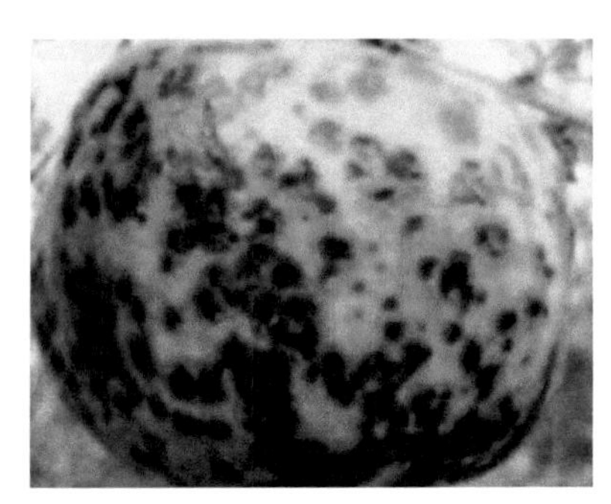

图 8–3　石榴褐斑病症状

2. 防治措施

（1）农业防治。① 清除园内落叶，集中烧毁或者深埋，尽量减少越冬病菌源。② 加强综合管理，合理施肥增强树势，重视修剪培养良好树形，改善树冠通风透光状况。③ 因地制宜，选用抗病性强又适合当地利用的品种进行栽植。

（2）药剂防治。发病前用 70% 代森锰锌 500~600 倍液，75% 百菌清可湿性粉剂 1 000 倍液加 70% 甲基硫菌灵可湿性粉剂 1 000 倍液提前进行预防，发病初期可使用国光英纳可湿性粉剂 400~600 倍液与国光必鲜乳油 500~600 倍液交替使用，防止单一用药病菌产生抗性。

四、石榴疮痂病（黑星病）

1. 为害症状诊断识别

石榴疮痂病又称黑星病，主要为害枝干、果实和花萼，病斑初呈水浸状，渐变为红褐色、紫褐色直至黑褐色，单个病斑圆形或椭圆形，后期多斑融合成不规则疮痂状，表皮粗糙，严重的龟裂，湿度大时，病斑内产生淡红色粉状物即分生孢子盘和分生孢子（图 8-4）。

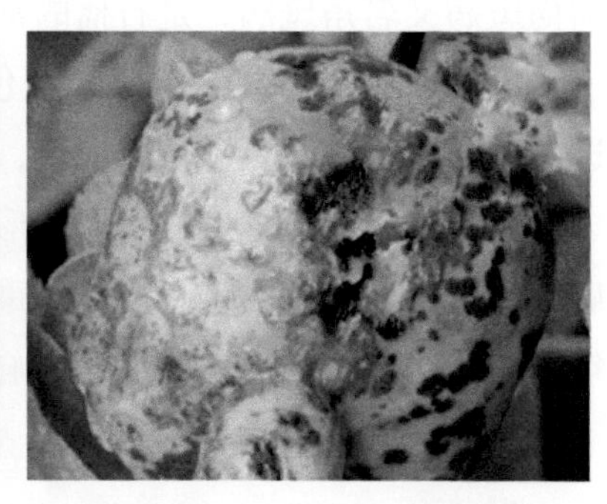

图 8-4　石榴疮痂病症状

2. 防治措施

（1）农业防治。① 休眠期防治，多用小刀刮除病斑，然后用 5 波美度石硫合剂原液涂刷量以微下流液为度，治愈率可达 90% 左右。② 结合冬季修剪，剪除病枝、病果，刮除病疤，清理果园中的枯枝落叶，集中销毁或深埋。③ 选用抗病品种，加强肥水管理，增强树势，提高树体抗病能力。

（2）药剂防治。花后和果实膨大期防治（石榴疮痂病的盛发期），可用 70% 代森锌 500~600 倍液、或用 75%百菌清可湿性粉剂 1 000 倍液加 70%甲基硫菌灵可湿性粉剂 1 000 倍液进行预防，交替使用，防止病菌产生抗耐药性。

第二节　石榴树虫害

一、石榴食心虫

1. 为害症状诊断识别

桃蛀螟俗称蛀心虫、食心虫，属鳞翅目，螟蛾科。杂食性害虫，寄主植物有 40

多种，是石榴最主要的害虫之一，也为害桃、杏、李、梅、梨、柿、板栗、柑桶 等果实和向日葵、玉米等作物。以幼虫蛀入果实内取食为害，一个果内常有数条幼虫，受害果实内充满虫粪，极易引起裂果和腐烂，严重影响品质和产量（图 8-5）。

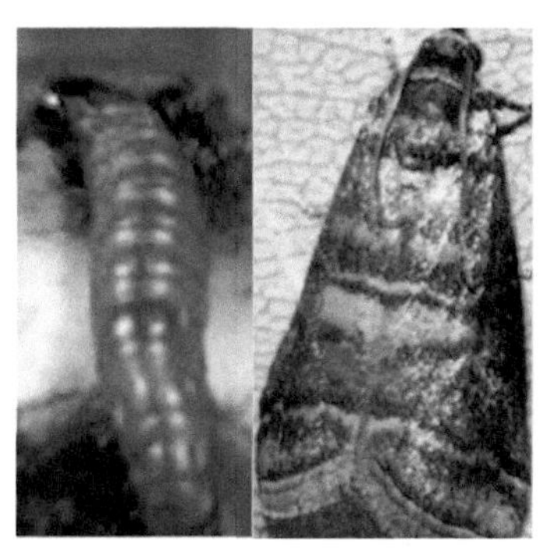

图 8-5　石榴食心虫为害症状

2. 防治措施

（1）农业防治。① 入冬及时清理石榴园落叶、病果、病枝，深埋或烧毁，减少虫源。② 果实套袋，石榴坐果后 20 天左右进行果实套袋，可有效防止桃蛀螟对果实的为害。套袋前应进行疏果，喷 1 次杀虫剂，预防“脓包果”发生。③ 生长期间，随时摘除虫果深埋，从 6 月起，可在树干上扎草绳，诱集幼虫和蛹，集中消灭。也可在果园内散放养鸡，啄食脱果幼虫。④ 从 4 月下旬起，园内设置黑光灯，挂糖醋罐，诱杀成虫。

（2）药剂防治。① 在成虫羽化时期至产卵末期，利用性引诱芯等诱杀成虫。② 在成虫发生期和产卵盛期及时用药剂防治，用 1.8% 阿维菌素乳油 2 500 倍液、或用 2.5% 高效氯氟氰菊酯 1 000 倍液、或用 20% 溴氰菊酯、戊氰菊酯 1 500 倍液等防治效果较好。

二、桃小食心虫

1. 为害症状诊断识别

桃小食心虫是为害石榴果实的主要害虫之一。以幼虫蛀食果实，为害果实时，果面上的针状大小的蛀果孔呈黑褐色凹点，四周呈浓绿色，外溢出泪珠状果胶，干涸呈白色蜡质膜。随虫龄增大，有向果心蛀食的趋向。成虫产卵于石榴果面上，常单粒，每个果 1 卵。幼虫孵化后蛀入果内，蛀孔很小。幼虫蛀入果实

后，向果心或皮下取食籽粒，虫粪留在果内（图 8-6）。

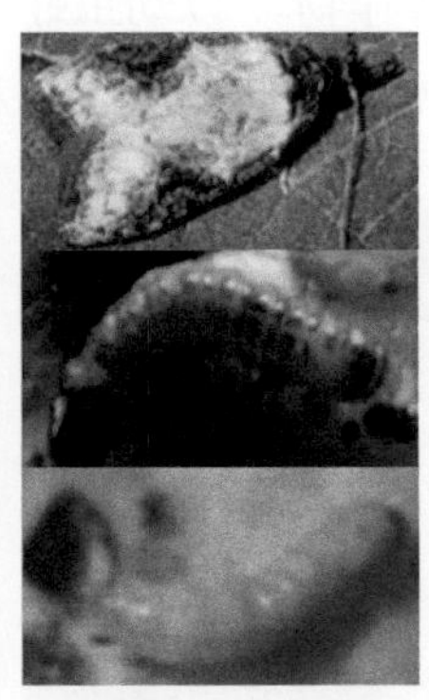
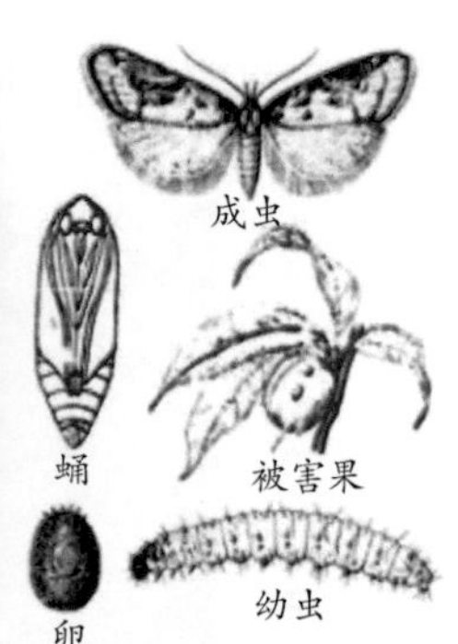

图 8-6　桃小食心虫对石榴的为害症状

2. 防治措施

（1）农业防治。① 人工摘除虫果，在桃小食心虫发生期内，发现虫果时，要及时摘除，集中处理。② 在成虫产卵前给果实套袋，可阻止幼虫为害。

（2）药剂防治。① 消灭越冬幼虫，每年幼虫出土期（大约 5 月中旬），在树冠下地面喷洒 2.5% 敌杀死乳油 1 000 倍液或桃小立杀 800 倍液，然后浅锄树盘，使药土混合均匀，在选果场及周围也要喷药防治。② 利用性诱剂诱杀成虫，一般在石榴园中设置 500 μ g 桃小性外激素水碗诱捕器，用以诱杀成虫，既可消灭雄成虫，减少害虫的交配机会，还可测报虫情—— 待日平均每碗诱得成虫 2~5 头时，即应喷药防治。③ 田间调查当卵果率达到 1%~2% 时，及时喷施 1.8% 阿维菌素乳油 2 500 倍液、或用桃小立杀乳油 1 000 倍液或 80% 敌敌畏乳剂 800~1 000 倍液。在成虫发生期和幼虫孵化期，用 3.2% 甲维盐高氯微乳剂 1 500 倍液或 2.5% 高效氯氟氰菊酯 1 500 倍液，都可获得较好的杀卵效果。

三、石榴黄刺蛾

1. 为害症状诊断识别

黄刺蛾又称刺蛾，主要为害石榴、苹果、梨、桃、杏、枇杷等果树。幼虫多在白天孵化，初孵幼虫先食卵壳，然后取食叶下表皮和叶肉，剥离下上表皮，形成圆形透明小班，数个小斑连接成块。黄刺蛾以幼虫先食石榴叶片背面，渐长大后则吞食整个叶片，仅剩叶脉，虫体小时集中为害，局部叶片被食净光，长大后则分散为害。黄刺蛾可将石榴叶片吃成很多孔洞、缺刻或仅留叶柄、主脉，严重影响树势和果实产量及品质（图 8-7）。

图 8-7　石榴黄刺蛾为害症状

2. 防治措施

（1）农业防治。① 结合冬剪，剪下虫茧、虫枝集中烧毁，减少越冬基数和传播源。②在低龄幼虫集中为害期，检查果园虫情，摘下幼虫群集叶片，及时有效消灭幼虫。③ 清洁果园，铲除杂草，捡拾病果、病枝、打扫落叶，集中处理或深埋。

（2）药剂防治。① 低龄幼虫发生期用 0.3% 苦参碱水剂 1 500 倍液，20% 杀灭菊酯 1 500~2 000 倍液，刺蛾幼虫对药剂敏感，一般触杀剂均可奏效。② 幼虫发生期叶面喷洒 90%敌百虫 1 000~1 500 倍液、50%敌敌畏 800 倍液喷施，均有较好的防治效果。

四、石榴蚧壳虫

1. 为害症状诊断识别

为害石榴树的蚧壳虫有 2 种，分别是日本龟蜡蚧和石榴绒蚧，都以若虫吸附在叶片或新梢上吸食树体汁液，分泌黏液，诱发霉污病，影响光合作用，使叶片光合作用效率降低，树势衰弱，严重时引起大量落叶、落果，甚至会导致绝产与全树枯死。石榴绒蚧，1 年发生 3~4 代，以末龄若虫在 2~3 年生枝条的皮层裂隙、芽鳞处、老皮内及果柄上越冬。翌年 4 月上旬开始出蛰，爬至嫩芽基部、叶腋间、叶背等处吸取汁液。产卵于毡絮状囊内。若虫孵化期分别是 6 月初至 7 月中下旬，8 月下旬至 9 月上旬。主要靠苗木、枝条传播。日本龟蜡蚧 1 年发生 1 代，以受精雌虫密集在小枝上越冬。翌年春末夏初开始取食，麦收期间是产卵盛期。麦收后卵块陆续孵化，幼虫到叶片、嫩枝处为害，并分泌蜡质，形成蚧壳。初孵幼虫活动力较强，可借风力远距离传播。雌虫的粪便和糖蜜近似，很适合黑真菌生长，易引起煤污病（图 8-8）。

图 8-8　石榴蚧壳虫为害症状

2. 防治措施

（1）农业防治。① 在石榴生长季节，经常检查枝条，发现被害新梢，及时剪除。② 保护利用天敌，日本龟蜡蚧的天敌种类很多，如瓢虫、草蛉、寄生蜂等，要注意保护利用。③ 入冬后彻底清除果园病果、病叶、病枝，杂草等，消灭越冬虫、卵等。

（2）药剂防治。① 对受为害严重的果园，可用沾有内吸性杀虫药的硬刷子在枝干上从上往下刷一遍，效果较好。② 早春越冬若虫出蛰期，是药剂防治的关键期，用 40% 大杀蚧 1 500 倍液，或用蚧杀特 2 000 倍液防治。③ 生长期间用 25%亚胺硫磷 800~1 000 倍液、或用 60%马拉硫磷 1 000~1500 倍液、或用 50%西维因可湿性粉剂 400~500 倍液、或用 50% 敌敌畏乳油 800~1 000 倍液，隔 7~10 天喷 1 次，连喷 2~3 次，可有效控制为害。

五、石榴蚜虫

1. 为害症状诊断识别

石榴蚜虫主要为害石榴叶片、嫩梢、果柄等，还为害花椒、梨、桃等多种果树和作物。石榴蚜虫为害时喜群集在嫩梢及叶背吸取汁液，同时，不断分泌蜜露，招致真菌寄生，影响叶片光合作用和果实的商品价值。卵多产在芽腋处、茎稍和嫩叶上。在温度适宜，天气干燥时胎生小蚜虫经 5 天就能繁殖后代。1 年能繁殖 20~30 代。春天气候多干燥，很适合蚜虫繁殖，故石榴树往往会受到严重损害（图 8-9）。

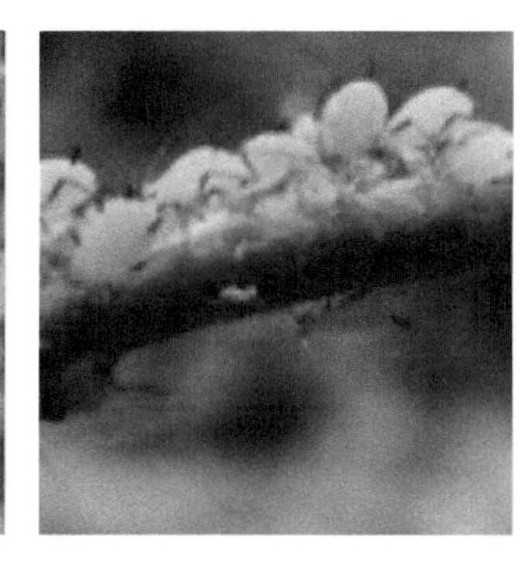

图 8-9　石榴蚜虫形态

2. 防治措施

（1）农业防治。①在石榴生长季节，经常检查枝条、嫩叶，发现被害新梢、嫩叶，及时摘除。② 保护利用天敌，蚜虫的天敌种类很多，如瓢虫、草蛉、寄生蜂等，要注意保护利用。③入冬后彻底清除果园病果、病叶、病枝，杂草等，消灭越冬若虫、卵等。

（2）药剂防治。石榴蚜虫分为苗蚜和穗蚜 2 个为害阶段，当田间百株蚜量达 500 头、益害比大于 1 : 500 时，每亩用 25% 蚜螨清乳油 1 000~1 500 倍液，或用 20% 吡虫啉系列产品 1 500~2 000 倍液，或用 10% 啶虫脒乳油 2 000 倍液，25% 的抗蚜威 3 000 倍液喷雾防治。也可与低毒有机磷农药合理混配喷施防治。

第九章 核桃树病虫害

第一节　核桃树病害

一、核桃腐烂病

1. 为害症状诊断识别

核桃树腐烂病分为溃疡性腐烂病和枯枝性腐烂病 2 种表现型，主要为害核桃树干、主枝干，也可以为害嫩枝和果实，核桃腐烂病又称烂皮病或黑水病，是一种真菌为害的病害，主要为害树干、主枝干的树皮，严重时造成枝枯，结果能力下降，甚至造成整株死亡（图 9-1）。

图 9-1　核桃腐烂病症状

2. 防治措施

（1）农业防治。① 加强田间与树体管理，增强树势，提高树体抗病性。改良土壤，促进根系发育等是防治该病的基本措施。② 剪除病枝、枯枝，及时将园内病枝、枯枝、落叶清出园外集中烧毁，以减少病菌源。③ 增施有机肥，提高树体的营养平衡，每年秋季落叶后对树干涂白，特别是新定植的幼树，更应注意树干涂白，防止树干冻害发生，减少病菌侵入概率。

（2）药剂防治。① 树干涂白剂的配方为生石灰 10kg，食盐 0.5kg，硫黄粉 0.5kg，水 50kg。春季彻底刮除病斑，以微露皮为准，然后涂上 1% 的硫酸铜或 50% 的甲基硫菌灵或者先喷 50 倍宁南霉素 + 枯草芽孢杆菌 200 倍液，待药液干后再涂上敌腐保护剂，效果更好。②在发病初期进行树冠喷洒，可用 80% 戊唑醇 5 000 倍液、20% 多醇 2 000 倍液、2% 宁南霉素 1 000 倍液，每 7 天喷 1 次，连喷 2~3 次，防治效果更好。③患病部位用溃腐灵原液涂抹或刷干。用药范围大于病斑范围，隔 5~7 天涂 1 次，连续涂抹 2~3 次。也可用梧宁霉素（又称四霉素）、乙蒜素等杀菌剂 100~300 倍液涂抹病斑处有很好的防治效果。④ 对溃疡严重的病株，在涂抹或刷干的基础上同时采取灌根的办法，用青枯立克 100~300 倍液 + 沃丰素 600 倍灌根 1~2 次，间隔 7~10 天，以灌透毛细根区为准。⑤ 喷雾：萌芽前使用溃腐灵 30~60 倍液喷雾；萌芽后可用溃腐灵 150~300 倍液喷雾 2 次，间隔 7 天左右。后期用靓果安 300 倍液 + 沃丰素 600 倍液 + 大蒜油 1 000 倍液喷雾，每次间隔 7~10 天。

二、核桃白粉病

1. 为害症状诊断识别

该病是由真菌引起的病害。主要为害核桃的叶、幼芽及新梢，干旱年份或季节，核桃树感病可达 100%。受害叶片的正反面出现明显的片状薄层白粉，即病菌的菌丝，秋后在白粉层中出现褐色至黑色小颗粒，发病初期，核桃叶面有褪绿的黄色斑块，严重时嫩梢停止生长，叶片变形扭曲，皱缩，造成早期落叶，树势衰弱，影响产量，嫩芽不能展开，顶端枯死（图 9–2）。

图 9–2　核桃白粉病症状

2. 防治措施

（1）农业防治。① 秋末冬初及时清园，清除病枝、病叶和落叶深埋或烧掉，减少初次浸染的病源菌基数。② 加强树体管理与科学施肥，注意氮肥、磷肥和钾肥的协调施用，以防止枝条徒长，增强树体抗病能力。③ 生长期适当控制灌水减轻发病，特别是做好保护地田间通风降湿，保护地避免或减少叶面长时间结露。

（2）农药防治。① 在发病初期，喷施 50% 的甲基硫菌灵可湿性粉剂 1 000 倍液、或用 2% 农抗 120 水剂 200 倍液、或用 25% 粉锈宁 500~800 倍液，防治效果甚佳。② 用靓果安 800 倍液在发病前喷洒预防，每 15 天用药 1 次，连用 2 次效果更佳。病情严重时，用靓果安 500 倍液喷施防治，7~10 天喷施 1 次，连续喷施 2~3 次效果更好。③ 重病区应当从发病初期开始喷药，前期喷施 0.3~0.5 波美度石硫合剂，或用（1∶1）~（2∶200）式波尔多液，中后期用 20% 三唑酮乳剂 2 000~3 000 倍液、或用 70% 甲基硫菌灵可湿性粉剂 1 200~1 500 倍液、均有较好防治效果。

三、核桃炭疽病

1. 为害症状诊断识别

该病由真菌侵染引起。主要为害核桃的果实，也为害核桃的叶、芽和嫩梢。叶片感病后，病斑不规则，病斑边缘处枯黄，有的在主脉两侧呈长条形枯黄。严重时全叶枯黄脱落。苗木和幼树的芽、嫩枝感病后，常从顶端向下枯萎，叶片呈烧焦状脱落。果实受害后，果皮上会出现褐色至黑褐色、圆形或近圆形的病斑，中央凹陷，病部有黑色小点产生，有时呈轮状排列。湿度大时，病斑处呈粉红色突起，即病菌的分生孢子盘及分生孢子。发病重时，一个病果常有多个病斑，病

图 9–3　核桃炭疽病症状

斑扩大连片后导致全果变黑、腐烂达内果皮，核仁干瘪无食用价值。发病轻时，核壳或核仁的外皮部分变黑，降低出油率和核仁产量，若果实成熟时病斑仍局限在外果皮，对核桃产量、品质影响不大。发病植株，一般果实受害率达 30%，病重的可达 80% 以上。常引起果实变黑腐烂并早落，不仅降低了产量，而且大大降低了商品质量和价值（图 9-3）。

2. 防治措施

（1）农业防治。① 及时清除病僵果和病枝叶，集中烧毁，减少病菌源基数。② 加强田间管理和夏季修剪工作，改善通风透光条件，有利于控制病害发生。③ 合理施肥，注重增施有机肥菌肥、磷、钾肥，不偏施氮肥，培育健壮树体，提高植株自身的抗病力。④ 适量灌水，暴雨天或地下水位较高的地块不宜浇水，提高根系活力。

（2）药剂防治。① 发芽前喷施 3~5 波美度石硫合剂，6 月下旬至 7 月中旬喷施 1∶1∶200（硫酸铜∶石灰∶水）的波尔多液或 50% 的退菌特可湿性粉剂 600~800 倍液，间隔 10 天左右，连续喷施 2~3 次效果更佳。② 在发病期喷 50% 多菌灵可湿性粉剂 100 倍液、或用 2% 农抗 120 水剂 200 倍液、或 75% 百菌清 600 倍液、或用 50% 托布津 800~1 000 倍液、或用 80% 代森锰锌 800 倍液。每半月喷 1 次，连喷 2~3 次，防效更佳。

四、核桃褐斑病

1. 为害症状诊断识别

该病主要为害叶片、果实和嫩梢，可造成落叶、枯梢。叶片感病后，先出现近圆形和中间呈灰色的小褐斑，病斑上略呈同心轮纹排列的小黑点，病斑增多后呈枯花斑，果实表面病斑小而凹陷，嫩苗上呈椭圆形或不规则形病斑。一年多次侵染，5—6 月发病，7—8 月为发病盛期（图 9-4）。

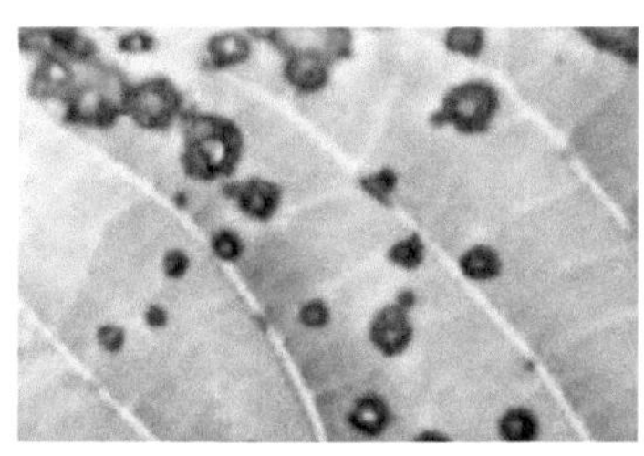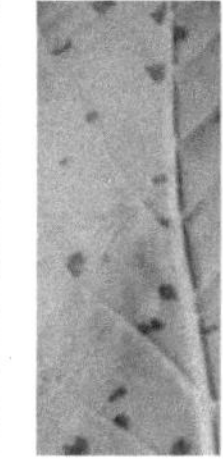

图 9-4　核桃褐斑病症状

2. 防治措施

（1）农业防治。① 及时清除病叶、剪除病梢，集中深埋或烧掉。② 加强核桃栽培的综合管理，增强树势，提高抗病力。特别要重视改良土壤，增施肥料，改善通风透光条件。③ 选用抗病、丰产、品质优良的新品种，合理密植。

（2）药剂防治。① 轻微发病时用靓果安 800 倍液喷洒，10~15 天用药 1 次；病情严重时，按 500 倍液稀释，7~10 天喷施 1 次；如果病情较严重用速净 300 倍液喷施，3 天用药 1 次。② 开花前后喷 1 次 1∶2∶200 波尔多液、或用 50% 甲基硫菌灵可湿性粉剂 500~800 倍液，预防效果较好；50% 退菌特 800 倍液对褐斑病防治效果也很好。

五、核桃黑斑病

1. 为害症状诊断识别

病源菌为核桃黄单胞杆菌，属细菌性病害，主要为害叶片、新梢、果实及雄花。在嫩叶上病斑褐色，多角形，在较老叶上病斑呈圆形，中央灰褐色，边缘褐色，有时外围有黄色晕圈，中央灰褐色部分有时形成穿孔，严重时病斑互相连接。有时叶柄上亦出现病斑，核桃果实感病后果实表面出现小而稍隆起的油浸状褐色软斑，后迅速扩大渐凹陷变黑，外围有水渍状晕纹，严重时引起果实变黑或早落、核仁腐烂或干瘪（图 9-5）。

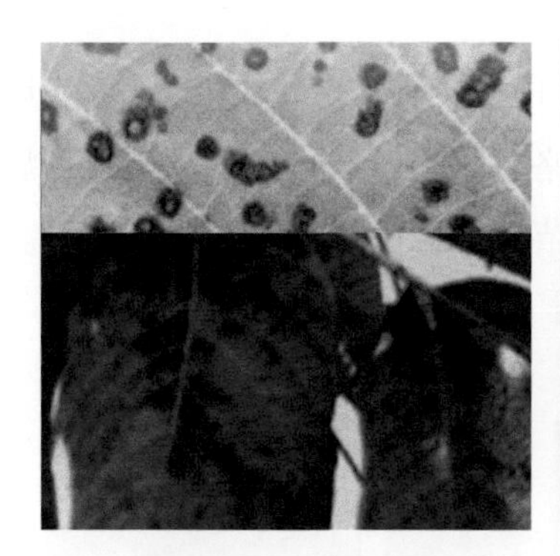

图 9-5　核桃黑斑病叶片感病症状、果实感病症状

2. 防治措施

（1）农业防治。① 选择抗病品种，保持树体内膛和田间通风透光良好。② 加强树体管理，深翻改土，中耕除草，采用科学配方施肥，使树体保持营养

平衡，提高树体抗病能力。③ 及时清理果园的残留病果、病枝和病叶，集中销毁，减少病菌感染传播。

（2）药剂防治。① 核桃发芽前喷洒 1 次波美 3~5 度石硫合剂、或用 50% 甲基硫菌灵可湿性粉剂 1 000 倍液。② 落花后 10 天左右为该病侵染果实的关键时期，可喷施 70% 甲基硫菌灵可湿性粉剂 800~1 000 倍液、或用 30% 琥胶肥酸铜可湿性粉剂 500 倍液、或用 60% 琥・乙膦铝可湿性粉剂 500 倍液、72% 农用链霉素可溶性粉剂 2 000~3 000 倍液，连续喷施 2~3 次为宜。③ 从 5 月中旬开始，每 20~30 天喷 1 次 1∶1∶200（硫酸铜∶生石灰∶水）的波尔多液，或用 70% 甲基硫菌灵可湿性粉剂 1 000~1 500 倍液，治疗效果明显。

六、核桃日灼病

1. 为害症状诊断识别

核桃日灼病主要原因是由于高温及光照强烈引起，果实轻度灼伤，在果皮上出现圆形黄褐色病斑，严重时斑块变黑，干枯下陷，引起果实发育不良或脱落。枝条受日灼后，表皮干枯或整枝枯死（图 9-6）。

图 9-6　核桃日灼病症状

2. 防治措施

（1）农业防治。① 合理修剪，适度留枝叶，确保果实受光适度。② 冬季树干涂白，防冻害，旱季注意灌水，降低温度，提高湿度，改善园中小气候。

（2）药剂防治与保护。① 做好病虫害防治工作，保护好枝条和叶片，开春发芽前喷施 1 次杀菌剂如 50% 多菌灵 600 倍液、或用 50% 甲基硫菌灵可湿性粉剂 1 000 倍液、做好虫害防治保护叶片。② 在出现高温前，向果面喷洒 50 倍氯乳铜液，降低果面温度，减轻为害。

第二节　核桃树虫害

一、核桃云斑天牛

1. 为害症状诊断识别

云斑天牛属天牛科白条天牛属，又名铁炝虫、大天牛、白条虫、钻木虫。主要为害核桃树的树干和枝干，是对核桃树具有毁灭性的一种虫害。以幼虫钻食树干或成虫侵食嫩枝嫩叶，造成树干和枝干被害空洞衰败，风吹即倒的严重后果（图 9-7、图 9-8）。

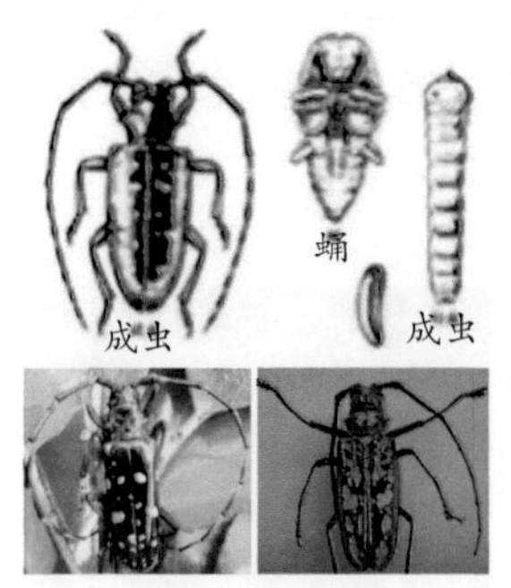

图 9-7　天牛成虫形态

图 9-8　天牛为害树干症状

2. 防治措施

（1）农业防治。① 在成虫发生盛期，利用成虫有趋光性、不喜飞翔、行动慢、受惊后发出声音的特点，傍晚持灯诱杀，或早晨人工捕捉。② 在幼虫蛀干为害期，发现树干上有粪屑排出时，用刀将皮剥开挖出幼虫或用铁丝插入虫道内刺死幼虫。

（2）药剂防治。① 卵孵化盛期，在产卵刻槽处涂抹 50% 辛硫磷乳油 5~10 倍药液，以杀死初孵化出的幼虫。② 在幼虫钻食的树洞内注入高浓度的敌敌畏，或用棉球塞入洞内，然后用塑料胶带缠住树体将洞孔封死，效果甚佳，或注入 50% 敌敌畏乳油 100 倍液后，用泥封严虫孔。③ 用磷化铝毒签塞入云班天牛侵入孔，用泥封死，对成虫、幼虫熏杀效果显著。④ 树干涂药，入冬前，用石灰5kg、硫黄0.5kg、食盐0.25kg、水20kg拌匀后，涂刷树干基部，以防成虫产卵，也可杀灭幼虫。

二、核桃草履蚧

1. 为害症状诊断识别

草履蚧属同翅目绵蚧科草履蚧属，是核桃主要害虫之一，对其为害非常严重，若虫上树吸食树液，常导致嫩芽枯萎，不能萌发成梢，严重的致使树势衰弱，甚至使枝条枯死，产量下降，品质变劣，严重影响种植效益（图9-9）。

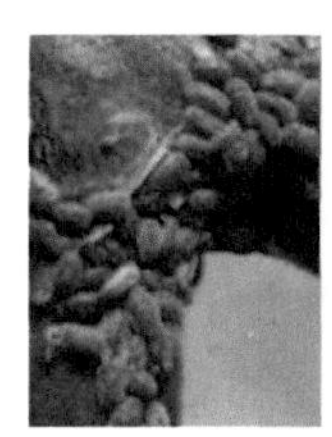
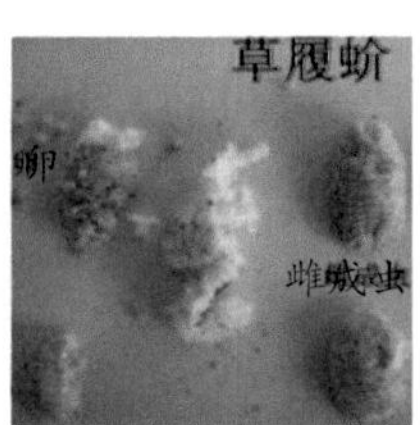

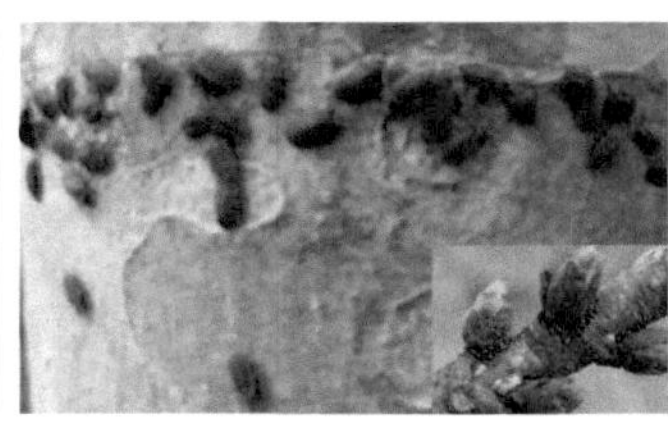

图9-9　核桃草履蚧若虫、成虫形态

2. 防治措施

（1）农业防治。① 树干涂粘胶带，防止若虫上树。2月初在树干基部刮除老皮，涂上6~10cm的黏胶层，阻止若虫上树。黏虫胶可用废机油加热溶解即可，废机油内往往含汽油易造成药害，使用时可先绑塑料薄膜再涂药。② 利用和保护好天敌——黑缘红瓢虫、暗红瓢虫等，利用天敌抑制草履蚧的为害。

（2）药剂防治。① 若虫期喷3~5波美度石硫合剂。② 48%毒死蜱乳油800~1 000倍液喷洒主干。③ 用40%速蚧克1 500倍、或用25%蚧死净乳油1 000倍液、或用20%触杀蚧螨乳油1 000倍液，具有很好防效。

三、核桃小吉丁虫

1. 为害症状诊断识别

核桃小吉丁虫，以幼虫在2~3年生枝条皮层中呈螺旋形串食为害，被害处膨大成瘤状，破坏输导组织，致使枝梢干枯，幼树生长衰弱，严重者全株枯死。

主要为害枝条，严重时被害株枝率达 90% 以上。枝条受害后，表现为枝梢、树冠变小，产量下降。幼树受害，严重时形成小老树或整树死亡（图 9-10）。

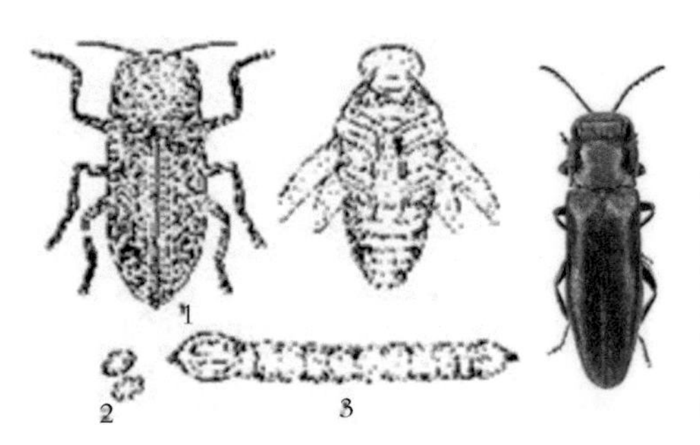

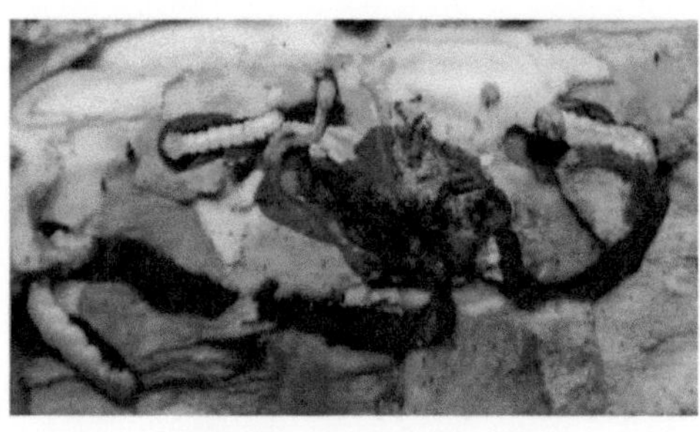

图 9-10　核桃小吉丁虫形态与为害状

2. 防治措施

（1）农业防治。① 加强综合管理，增强树势，提高抗虫力。② 饵木诱杀，在成虫羽化产卵期，及时设立一些饵木，诱集成虫产卵后，及时收集起来烧毁。③ 彻底剪除虫梢，结合采收核桃，把受害叶片及受害枯黄的枝条彻底剪除。

（2）药剂防治。从 5 月下旬开始每隔 15 天左右，用 90% 晶体敌百虫 600 倍液、或用 48% 毒死蜱乳油 800~1 000 倍液喷洒主干，在成虫发生盛期结合防治举肢蛾等虫害的喷施兼治性农药，也可在树上混合喷洒 80% 敌敌畏乳油、90% 晶体敌百虫可湿性粉剂，以达到理想的防治效果。

四、核桃木尺蠖

1. 为害症状诊断识别

核桃木尺蠖又称小大头虫、吊死鬼，属暴食性害虫，以幼虫取食叶片、嫩梢，爆发时吃光叶片、嫩梢，仅留叶柄，严重影响叶片面积、影响树势（图 9-11）。

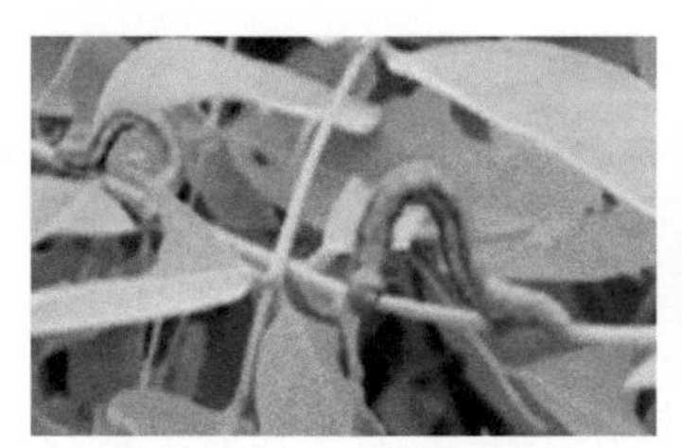

图 9-11　核桃木尺蠖形态

2. 防治措施

（1）农业防治。① 虫蛹密度大的地区，在早秋或早春结合整地、施肥，进行人工刨蛹灭虫，降低害虫基数。② 在 5—8 月成虫羽化期，用黑光灯或堆火诱杀。

（2）药剂防治。① 抓好卵孵化盛期和低龄幼虫期喷药防治关键期，一般选用 25%灭幼脲悬浮剂 3 000~4 000 倍液、或用 5%氟铃脲乳油 1 500~2 000 倍液、或用 10% 吡虫啉可湿性粉剂 2 000 倍液、1.2% 苦・烟乳油 1 000~1 500 倍液、灭幼脲 3 号胶悬液 2 000~3 000 倍液等药物喷施防治。② 也可用功夫乳油 1 500 倍液树冠喷雾、或用敌杀死 2 000 倍液，50% 杀螟松乳剂 800 倍液或 25% 亚胺硫磷 1 500 倍液，间隔 10~15 天，连续喷施 2~3 次效果更佳。

五、核桃瘤蛾

1. 为害症状诊断识别

核桃瘤蛾又名核桃小毛虫，为鳞翅目瘤蛾科害虫之一，主要以幼虫食害叶片、嫩梢，3 龄前的幼虫在孵化的叶片上取食，受害叶仅余网状叶脉，但也偶见核桃果皮受害，虫害严重时可将核桃叶吃光造成第二次发芽，或枝条枯死，树势衰弱，产量下降，是核桃树的一种暴食性虫害（图 9-12）。

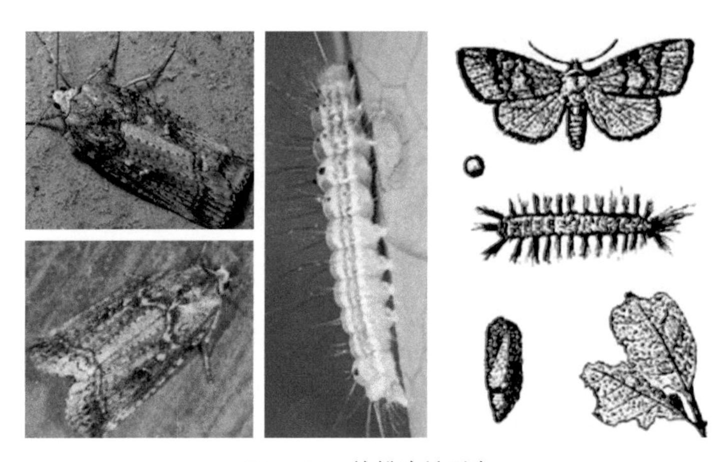

图 9-12 核桃瘤蛾形态

2. 防治措施

（1）农业防治。① 越冬前，清洁园田，深埋落叶、枯枝，刮去树干老翘皮中越冬的蛹虫。② 树干上绑草把诱杀幼虫或成虫、卵块，集中销毁。③ 利用老熟幼虫有下树化蛹的习性，可在树干周围半径 0.5m 的地面上诱杀、冬闲翻耕树盘冻死。④ 利用成虫的趋光性，可用黑光灯诱杀成虫，减少产卵量。

（2）药剂防治。在幼虫发生为害期，喷洒 50% 杀螟松乳油 1 000 倍液，或用 80% 敌敌畏 800 倍液、或用 90% 晶体敌百虫 1 000 倍液，或用 2.5% 溴氰菊酯乳油 3 000 倍液、或用 20% 敌杀死乳油 2 000 倍液防治。

六、核桃黄刺蛾

1. 为害症状诊断识别

核桃黄刺蛾俗称洋辣子，近几年在核桃树上猖獗为害，由次要害虫发展成为核桃树的主要害虫之一，该虫发生后蔓延迅速，常表现暴发性，为害严重。一般年份核桃树叶片被害率高达 50% ~60%，平均每叶聚集有大龄幼虫 1~2 头，大部分叶片被吃光，严重影响树势和果实发育。低龄幼虫仅食叶肉，残留叶脉，稍大食叶呈缺刻或孔洞，严重时叶片千疮百孔或仅留叶脉（图 9–13）。

图 9–13　核桃黄刺蛾幼虫、成虫、蛹形态

2. 防治措施

（1）农业防治。① 剪除越冬茧，并将被青蜂寄生的茧挑出，加以保护利用。② 黑光灯诱杀，6 月中旬至 7 月中旬越冬代成虫发生期，田间设置黑光灯 + 糖醋液诱杀成虫。减少产卵量。③ 入冬前清洁园田落叶、病枝、病落果、杂草等，减少越冬病虫害基数。④ 人工防治，在 7 月上旬低龄幼虫群集叶背时，可及时

剪下叶片集中消灭低龄幼虫；8 月中下旬老熟幼虫在枝干枝皮上寻找结茧的适当场所期间，集中人力捕捉老熟幼虫集中杀灭。

（2）生物防治。上海青蜂是黄刺蛾的天敌优势种群。一般年份黄刺蛾茧被上海青蜂寄生率高达 20%左右，寄生茧容易识别，寄生茧的上端有上海青蜂产卵所留下的小圆孔或不整齐小孔。

（3）药剂防治。在 7 月初幼虫初发期叶面喷 1 次 300~500 倍 Bt 乳剂或 20%菊酯类农药 2 000 倍液防治效果均可，10 天后再喷 1 次 25%灭幼脲 3 号 2 000 倍液，或用 30%蛾螨灵 2 000 倍液等药剂。

七、核桃举肢蛾

1. 为害症状诊断识别

核桃举肢蛾主要为害果实，以幼虫蛀入果实为害。在青皮内蛀食多条隧道，充满虫粪，被害处青皮变黑，为害早者种仁干缩、早落，晚者变黑，俗称“核桃黑”（图 9–14）。

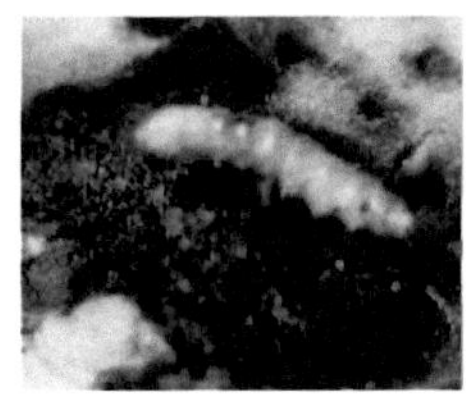

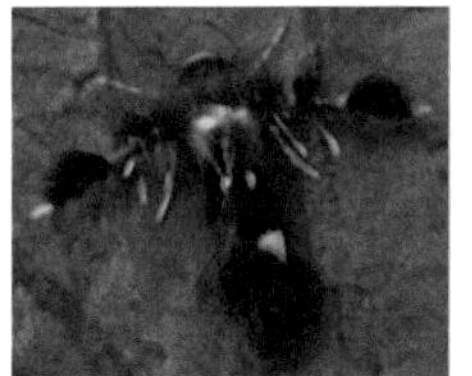

图 9–14　核桃举肢蛾为害症状及幼虫、成虫形态

2. 防治措施

（1）农业防治。① 对感虫病果及时摘除。② 入冬前彻底清园，翻耕土壤消灭越冬虫茧。③ 成虫羽化期，采用性诱剂诱捕雄成虫，减少交配产卵，降低子代虫口密度。

（2）药剂防治。① 成虫出土前在树内盘撒毒土，选用 25%辛硫磷微胶囊大约 5kg/ 亩，施药后要浅锄。② 产卵盛期（6 月上旬至 7 月上旬）每隔 10~15 天，用 20% 杀灭菊酯 1 500 倍液、或用 20%丁硫克百威乳油 1 000~1 500 倍药液等进行树上喷药。③ 在幼虫孵化期，用 25% 灭幼脲 3 号胶悬剂、50% 敌百虫乳油 1 000 倍液、48% 毒死蜱乳油 2 000 倍液，喷雾杀虫。

八、大青叶蝉

1. 为害症状诊断识别

大青叶蝉属同翅目叶蝉科。主要为害核桃等多种树木，以若虫、成虫刺吸幼树的主干和老树的嫩枝干、树叶汁液，引起叶色变黄，提早落叶。成虫在树干、枝条的树皮上产卵形成月牙形损伤，蒸发量增加，引起抽条或冻害，枝干失水而干枯，使树木生长衰弱，严重者造成幼树和枝条干枯死亡，该虫以卵在嫩枝和干部皮层内越冬，各虫态出现比较整齐，世代比较分明（图 9–15）。

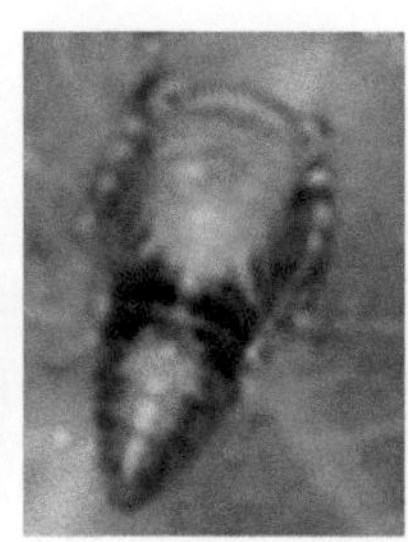

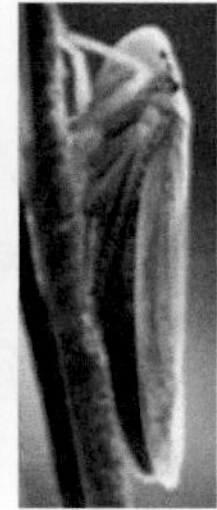

图 9–15　核桃大青叶蝉成虫、若虫及其各形态

2. 防治措施

（1）农业防治。① 结合核桃树整形修剪，剪去病虫枝，减少病菌源，每年产卵盛期（6 月下旬）及时清除果园杂草和周围农田杂草，以达到灭卵降低虫源基数。② 8 月下旬在第一代成虫迁回果园前，清除果园杂草。③ 入冬前树干涂刷食盐石灰浆可杀灭部分越冬卵或树干涂刷护树将军可防止病虫害和预防冻害。④ 科学平衡施肥，加强核桃园管理，培养健壮树势，提高抗病抗虫能力。

（2）药剂防治。① 在若虫孵化盛期可用 25% 的灭幼脲 3 号悬浮剂、40% 毒死蜱乳油 3 000 倍液、10% 吡虫啉可湿性粉剂 2 500 倍液喷雾防治。② 羽化后成虫活动大约 2 天后，开始产卵，安装频振式黑光灯或使用糖醋液（糖：醋：酒：水 =3∶4∶1∶3）诱杀雄蛾，每亩布置 2~3 个糖醋盘。③ 11 月核桃落叶至翌年 2 月发芽前树冠喷施新高脂膜，杀死越冬病虫害。④ 抓好核桃花蕾期、幼果期、果实膨大期重点药剂防治，辅之喷施壮果蒂灵增粗果蒂，提高营养输送量。

第十章

樱桃病虫害

第一节　樱桃病害

一、樱桃根瘤病

1. 症状与为害

樱桃根瘤病的病源菌为土壤野杆菌属细菌，又称根癌土壤杆菌，病原细菌在病瘤中越冬，大多存在于癌瘤表层，当癌瘤外层被分解以后，细菌被雨水或灌溉水冲下，进入土壤。土壤和病株的病菌通过雨水、灌溉及修剪扩散传播。主要发生在根颈部、侧根及接穗和砧木的接合处，有时也为害主根，发病初期，被害处形成灰白色的小型瘤状物，以后瘤体逐渐长大，表面变为褐色，表面粗糙、龟裂，表层细胞枯死，内部木质化。感病植株矮小，树势衰弱，叶片黄化、早落、结果晚、果实小、品质差、产量低（图 10-1）。

2. 防治措施

（1）农业防治。① 选用抗根瘤病性相对较强的砧木，如中国樱桃、马哈利樱桃、酸樱桃抗病性较强，甜樱桃抗病性较弱，发病严重。② 加强苗木检疫，调运苗木必须进行检疫，避免用带菌（瘤）种苗，避免重茬。③ 减少伤口，尽

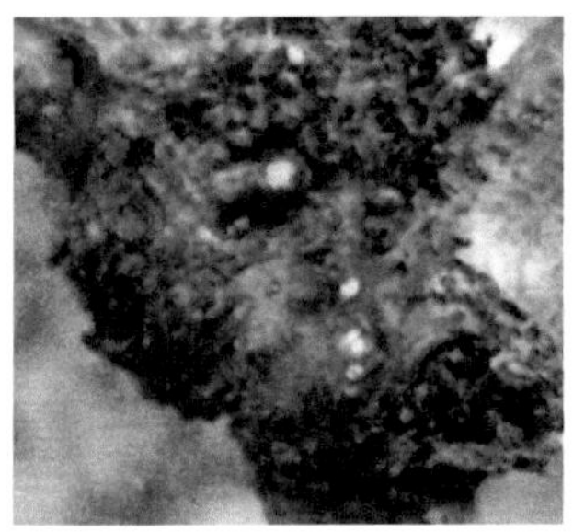

图 10-1　樱桃根瘤病症状

可能用芽接法嫁接，以缩小嫁接伤口，并注意防治蛴螬等地下害虫，避免因虫害造成根部伤口。

（2）药剂防治。① 选用无病苗木栽植，定植前用抗根癌菌剂 k84 蘸根预防。② 对发病重的苗木或大树，应刨除并刮掉病瘤，然后用抗根癌菌剂 k84 和水按照 1∶1 对培液涂抹处理后的健根伤口，注意：用 k84 后，不可用其他杀菌剂，否则，k84 易失效。

二、樱桃黑色轮纹病

1. 症状与为害

樱桃黑色轮纹病主要为害叶，初生褐色小斑，圆形至不规则形，后变茶褐色，有明显的轮纹状病斑，上生黑色霉层，即病源菌分生孢子梗和分生孢子。病源菌为樱桃链格孢菌，属半知菌亚门真菌，该病源菌是一种弱寄生菌，主要以分生孢子在病叶等病残体上越冬，翌年春季气温回升，分生孢子借风雨传播，进行初侵染后在病斑上又产生分生孢子进行多次再侵染。从寄主气孔、皮孔及表皮直接侵入。树体营养不良，生长势衰弱，伤口多易感病，树冠茂密，通风透光差，地势低洼、湿度大的易发病（图 10-2）。

图 10-2　樱桃黑色轮纹病症状

2. 防治方法

（1）农业防治。① 选用抗病品种，如早红、大紫、拉宾斯、红灯、巨红、芒果红、那翁等品种。② 加强果园综合管理，合理修剪，增施有机肥，培养健壮树体，增强树势，提高抗病力。③ 在樱桃落叶结束后，彻底清扫落叶，掩埋或直接沤肥，消灭在落叶上越冬的病虫，可大大减少翌年的病虫基数。

（2）药剂防治。发病初期喷洒 50% 多菌灵可湿性粉剂 800 倍液、或用 40% 百菌清悬浮剂 500 倍液、或用 70% 代森锰锌可湿性粉剂 500 倍液、或 65% 福美锌可湿性粉剂 400 倍液，10 天左右喷 1 次，连续防治 2~3 次效果更好。

三、樱桃叶点病

1. 症状与为害

樱桃叶点病的病源菌为叶点菌属半知菌亚门真菌，主要为害叶，叶片被害初期，病斑为淡绿色，渐变为红褐色，后变为灰褐色，最终变为灰白色。病斑扩展后边界不清晰，后期上面散生出许多小黑点，即为病源菌的分生孢子器。病菌在病残落叶上越冬，翌年春季产生分生孢子，随风雨传播和侵入，尤其在夏季降雨多的年份，或地势低洼、枝条郁闭的果园发病较重（图 10-3、图 10-4）。

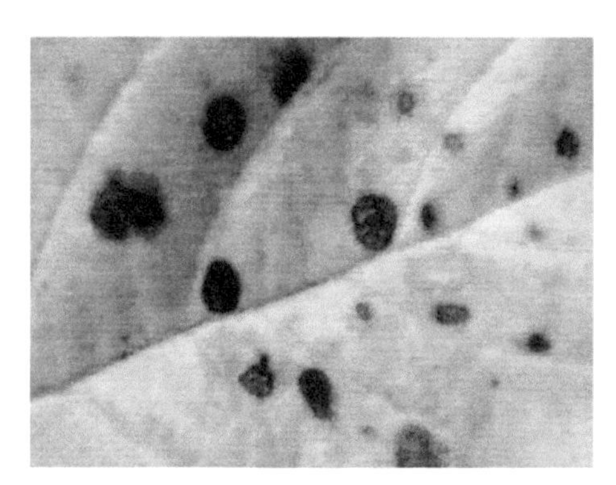

图 10-3 樱桃叶点病前期症状

图 10-4 樱桃叶点病后期症状

2. 防治措施

（1）农业防治。① 加强果园管理，适时疏枝修剪，使果园通风透光良好，减轻病害发生。② 秋末冬初及时清除园内落叶、病残枝条，集中烧毁或深埋，减少越冬菌源。③ 合理灌排，保持田间适宜温湿度，平衡施肥。

（2）药剂防治。花芽萌动前，对树体均匀喷洒 3~5 波美度石硫合剂或 50% 福美双可湿性粉剂 100 倍液；谢花后每隔 10~15 天喷洒 1 次 50% 多菌灵可湿性粉剂或 75% 百菌清可湿性粉剂 600 倍液，70% 甲基硫菌灵可湿性粉剂 700 倍液、65% 代森锰锌可湿性粉剂 500 倍液等。

四、樱桃坏死环斑病

1. 症状与为害

樱桃坏死环斑病的病原为李属坏死环斑病毒。主要为害叶片，常在刚展开的叶片上产生症状，先是在叶片上形成淡绿色至淡黄色环斑或条斑，在环斑的内部有褐色坏死斑点，其后坏死斑往往破碎脱落形成穿孔。常出现急性型症状，病斑较大，整个叶面布满坏死斑，严重的坏死部分扩展到全叶，其后叶肉组织全部破碎脱落，仅残留叶脉。急性型症状常引起幼树死亡，染病幼树在嫩叶背面主脉基部一侧有时产生耳状突起。如果接穗和砧木染病，其嫁接成活率可减少60%。感病樱桃树高度降低，直径减少，树体生长量明显下降，生产果园减产30%~50%。该病主要由嫁接传染，也能通过花粉和种子传染。此病毒多与李矮病毒复合侵染。樱桃园中若有病树存在，短时期内全园均可感染。病毒的潜育期因传染方式不同而异。春天嫁接接种几周之内即发病，花粉传染一般在翌年表现出发病症状（图 10-5）。

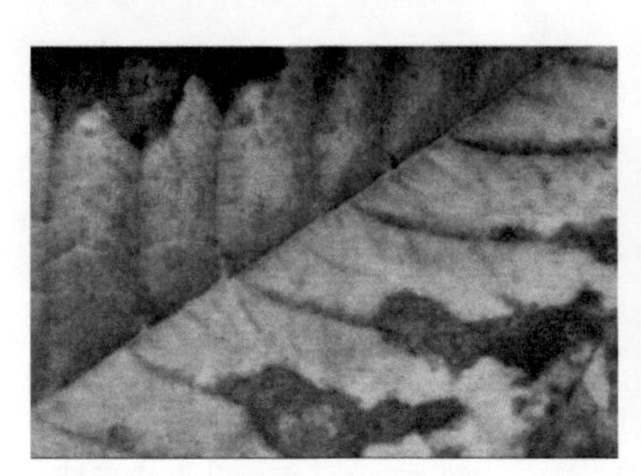

图 10-5　叶片发病症状

2. 防治措施

（1）农业防治。① 选用无病毒砧木和接穗，培育无病毒苗木，严格栽植无病毒苗木。② 成龄果树发现病株重点防治，或者砍伐掉更新，避免有毒花粉通过授粉传播病毒。

（2）药剂防治。染病初期及时喷洒 1.5% 植病灵乳油 800 倍液或 5% 菌毒清水剂 200 倍液、或用 20% 病毒 A 可湿性粉剂 500 倍液、或用 4% 嘧肽霉素水剂 200 倍液、或用 0.5% 抗病毒 1 号水剂 300 倍液、10% 抑病灵水剂 500 倍液等，可以缓解病情。

五、樱桃褪绿环斑病

1. 症状与为害

该病由嫁接传染和花粉传染的病毒病。病毒侵染 1~2 年后，春天叶片上出现淡绿色或浅黄色环斑、斑点或条斑。有些品种的叶片患病后斑点很小，呈针尖状。急性症状仅在被侵染的下一年出现，在很短的时间内隐蔽不显。慢性型病症，在侵染当年只在个别枝梢上显示症状。在 1 年生樱桃树上往往在下部叶片背面叶脉的两侧出现耳状突起，结果树很少产生耳突。在圆叶樱桃树叶上产生褪绿环纹、斑点或褪绿的栎叶状斑纹（图 10-6、图 10-7）。

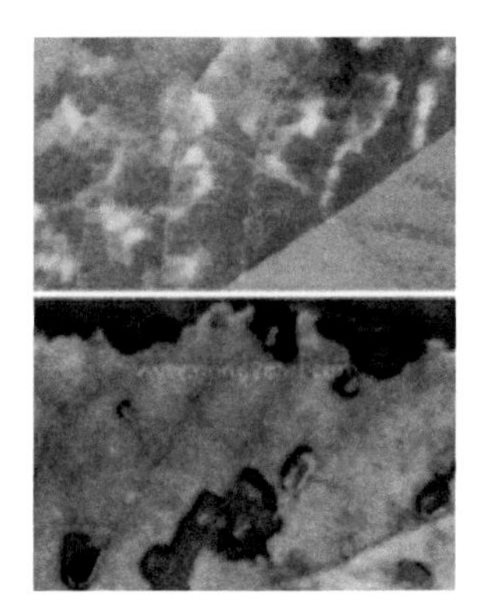

图 10-6　叶片症状　　　　图 10-7　花期症状

2. 防治措施

（1）农业防治。① 严格采用无病毒苗木建园，嫁接苗采用无病毒接穗嫁接。② 发现成龄果树病株应及时重点防治或者伐掉更新，严格避免有毒花粉传播病毒。

（2）药剂防治。在樱桃树染病初期及时喷洒 0.5% 抗病毒 1 号水剂 300 倍液、或用 4% 嘧肽霉素水剂或 5% 菌毒清水剂 200 倍液、或用 1.5% 植病灵乳油 800 倍液、10% 抑病灵水剂或 20% 病毒 A 可湿性粉剂 500 倍液等，可能有效缓解此病情。

六、樱桃皱叶病

1. 症状与为害

樱桃皱叶病属类病毒传播感染的一种。皱叶病会对樱桃造成较大的为害，严重影响樱桃的生长，为类病毒病害，属类病毒病的一种。有遗传性，感病植株叶片形状不规则，往往过度伸长、变狭，叶缘深裂，叶脉排列不规则，叶片皱缩，常常有淡绿与绿色相间的不均衡颜色，叶片薄、无光泽、叶脉凹陷，叶脉间有时过度生长。皱缩的叶片有时整个树冠都有，有时只在个别枝上出现。明显抑制树体生长，树冠发育不均衡。花畸形，产量明显下降（图 10-8、图 10-9）。

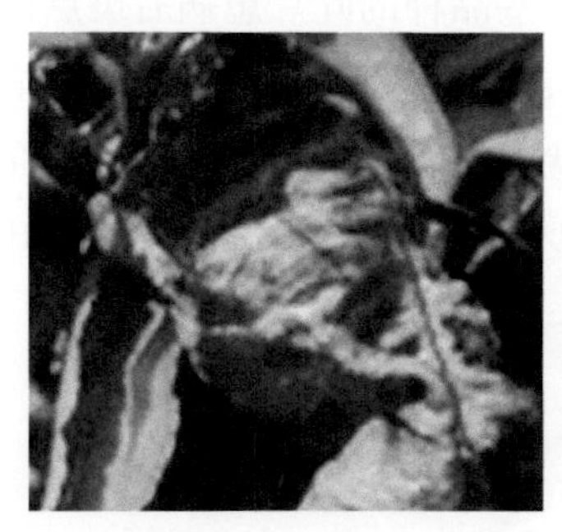

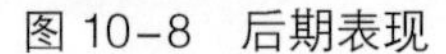
图 10-8　后期表现　　图 10-9　前期表现

2. 防治措施

参见樱桃坏死环斑病及樱桃褪绿环斑病防治措施。

七、樱桃流胶病

1. 症状与为害

樱桃树流胶病分生理性流胶和病理性流胶 2 种，前者是由机械损伤、修剪、锯口处理不当、虫害、冻害、日灼等引起；后者由多种病菌感染致害如腐烂病、溃疡病、细菌性穿孔病等，一般从春季树液流动时开始发生，主要为害樱桃主干和主枝，初期枝干的枝杈或伤口处肿胀，流出黄白色半透明的黏质物，皮层及木

图 10-10　流胶病感病症状

质部变褐腐朽，导致树势衰弱。流胶病是樱桃树的一种综合性病害，发生极为普遍，发病原因复杂，很难彻底根治。树体流胶造成生理代谢失调，严重时枝干枯死或导致整株树死亡（图 10-10）。

2. 防治措施

（1）农业防治。① 加强果园栽培管理，培养健壮树体，增强植株自身的抗病能力。② 合理施肥，增施有机肥，避免偏施氮肥，提高树体抗逆性。③ 田间作业细心认真，尽量避免造成伤口，减少病菌浸入。④ 加强病虫害综合防治，注意尽量减少对树体的机械损伤，重视自然灾害后的树体保护如冰雹后及时喷洒杀菌剂树体伤口的保护。在冬春季枝干涂白或涂抹防冻剂，防止日灼和冻害。⑤ 改善土壤，及时中耕松土，排水防涝，改善土壤通气状况等均有利于减轻流胶病。

（2）药剂防治。① 对枝干上的病斑、菌瘤等精心刮除，刮除时，要求横向多刮 1cm，纵向多刮除 3cm 健康（好）树皮，然后使用溃腐灵原药液、或靓果安、青枯立克等 50 倍液（原液）进行均匀涂抹，病情严重时，间隔 7 天左右，再涂抹 1 次，剪口锯口处理成光滑平面后，直接涂抹即可。② 在病害高发期，用溃腐灵 50~100 倍液喷施主干和枝干，可得到理想效果。严重间隔 7~10 天再涂抹 1 次。涂抹的最适期为树液开始流动时，此时正是流胶的始发期，发生株数少流胶范围小，便于防治，减少树体养分消耗。以后随发现随涂抹防治。

八、樱桃灰霉病

1. 症状与为害

樱桃灰霉病主要为害叶片、嫩梢、花、果实。为害花瓣特别是即将脱落的花瓣，然后是叶片和幼果。受害部位首先表现为褐色油浸状斑点，以后扩大呈不规则大斑，且逐渐生出灰色毛绒霉状物；为害果实主要是幼果及成熟果，感病果变褐色，后在病部表面密生灰色霉层，最后病果干缩脱落，并在表面形成黑色小菌核。病源菌为灰葡萄孢真菌，属半知菌亚门真菌。有性世代为富氏葡萄孢盘菌。病原以菌核及分生孢子在病果上越冬，翌年春季随风、气流、雨传播再侵染（图 10-11）。

2. 防治措施

（1）农业防治。① 及时清除树上和地面的病叶、枯枝落叶、病果，集中深埋或烧毁。②合理修剪，减少枝量，使树体通风透光。③ 大棚栽植的要尽量降低棚内湿度。

 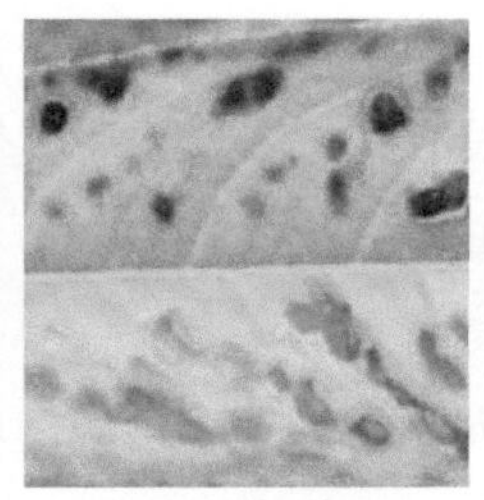 

图 10-11　樱桃灰霉病为害幼果、叶片、果实症状

（2）药剂防治。① 花前用 3~5 波美度石硫合剂进行杀菌、或者用硫菌灵 600 倍液进行喷施。② 落花后及时喷 70% 代森锰锌水剂 600 倍液，或用 50% 多菌灵水剂 1 000 倍液，或用 50% 速克灵水剂 2 000 倍液，或用 50% 异菌脲水剂 1 000~1 500 倍液，或用 65% 抗霉威水剂 1 000~1 500 倍液。③ 对大棚樱桃在花前用烟雾剂熏蒸大棚或在樱桃末花期用 10% 速克灵烟雾剂熏蒸并封棚 2 小时以上再通风，用烟雾剂进行早期防治是非常关键的措施。

第二节　樱桃虫害

一、樱桃实蜂

1. 形态与为害

樱桃实蜂属膜翅目叶蜂科，是为害樱桃果实的重要害虫之一，主要寄主植物为樱桃，以幼虫蛀入幼果内取食果核、果肉和核仁，幼果被害后，果实表面出现浅褐色蛀果孔，蛀孔周围堆有少量虫粪。老熟幼虫取食果肉，有时在果柄附近咬一个圆形脱果孔脱落。蛀果孔渐渐愈合为小黑点，随着幼虫生长，果内充满虫粪，幼果提前脱落。严重时造成树势衰弱，果实大量脱落，影响产量和果实品质。受害严重的树虫果率达 70% 以上。一般受害果顶部缝合线处有一稍凹陷的黑色小点，即害虫的蛀孔，虫果外观比正常果略小且发黄，手捏易扁。被害果内充满虫粪。后期果顶早变红色，早落果（图 10-12、图 10-13）。

2. 防治措施

（1）农业防治。①选择和栽培抗虫性强的品种，增强抗虫性。②利用天敌哈金小蜂寄生樱桃幼虫，可有效抑制为害。③樱桃实蜂当地一年发生 1 代，以老龄

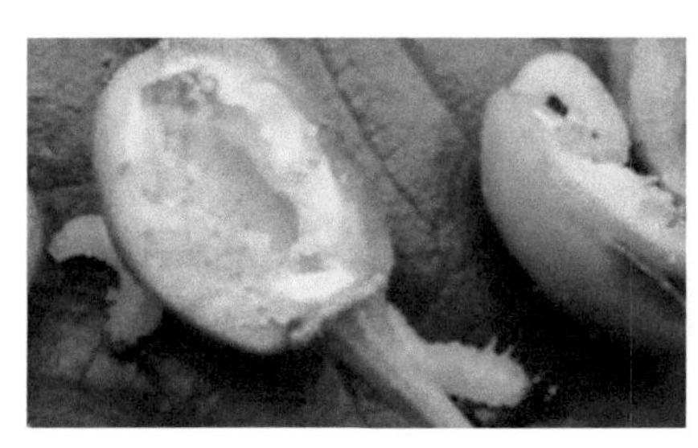
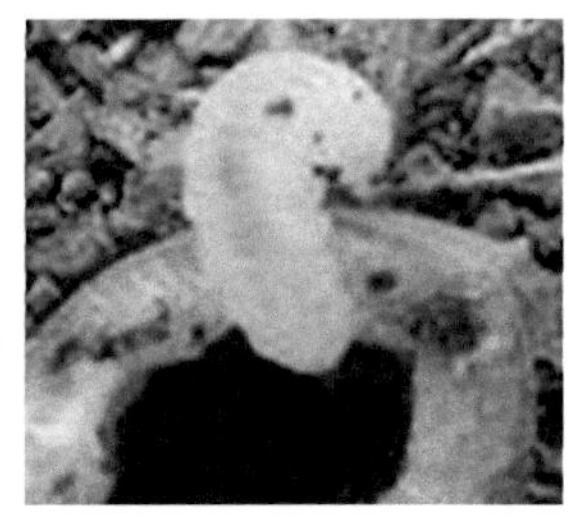
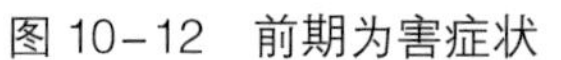

图 10-12 前期为害症状　　图 10-13 中期为害症状

幼虫结茧在土下滞育越冬特性，越冬期间，清理园田枯枝落叶集中烧毁，搞好冬耕冬灌或翻耕树盘，可有效降低虫源基数。④在樱桃实蜂幼虫尚未脱果时期（4 月下旬至 5 月上旬），及时摘除虫果深埋。

（2）药剂防治。① 在樱桃初花期，喷施菊酯类杀虫剂或有机磷杀虫剂，防治羽化盛期的成虫，可喷施 50% 辛硫磷乳油 1 000~1 500 倍液、或用 50% 马拉硫磷乳油 1 000~2 000 倍液、或用 20% 氰戊菊酯乳油 2 000~3 000 倍液、或用 2.5% 溴氰菊酯乳油 2 000~3 000 倍液等防治羽化盛期的成虫。② 在卵孵化期（孵化率达 5% 时），可喷施 5.7% 氟氯氰菊酯乳油 1 500~2 500 倍液、或用 2.5% 高效氟氯氰菊酯乳油 2 000~3 000 倍液、或用 20% 甲氰菊酯乳油 2 000~3 000 倍液、或用 10% 联苯菊酯乳油 3 000~4 000 倍液、或用 30% 乙酰甲胺磷乳油 1 000~1 500 倍液、或用 50% 杀螟硫磷乳油 1 000~2 000 倍液等，均有很好防效。

二、樱桃瘿瘤蚜虫

1. 形态与为害

樱桃瘿瘤蚜主要以成虫和若虫刺吸为害叶片，叶片受害后向正面肿胀凸起，形成花生壳状的伪虫瘿，初略呈红色，后变枯黄，5 月底发黑、干枯。樱桃瘿瘤蚜一年发生多代，以卵在樱桃幼枝上越冬。翌年春季萌芽时越冬卵孵化成干母，先在樱桃叶端部侧缘形成花生壳状伪虫瘦，并在瘦内发育、繁殖，虫瘊内 4 月底出现有翅孤雌蚜并向外迁飞。10 月中下旬产生性蚜并在幼枝上产卵越冬（图 10-14）。

2. 防治措施

（1）农业防治。① 保护和利用天敌，如瓢虫、草蛉、食蚜蝇等。② 悬挂银灰色塑料薄膜，或采用黄板诱杀有翅蚜。③ 秋末冬初及开春，及时清洁园田枯枝落叶，结合冬季修剪及时剪除病枝，集中销毁或深埋，减少开春虫源基数。

 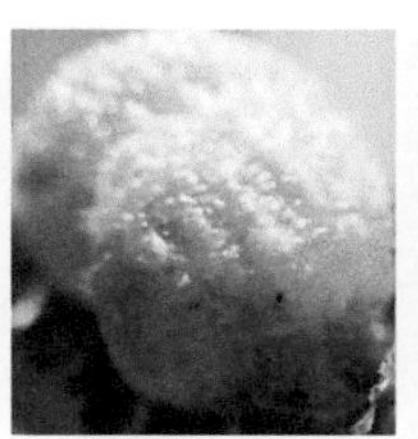 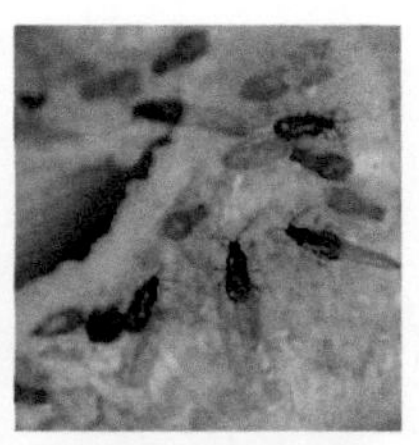

图 10-14 樱桃瘿瘤蚜为害症状与蚜虫形态

（2）药剂防治。越冬卵孵化盛期为落花后至第一片叶展开之际，这是防治的最佳时期，选用 1.1% 百部 · 楝 · 烟乳油 1 000 倍液、或用 50% 高渗抗蚜威可湿性粉剂 2 500 倍液、或用 5% 啶虫脒 · 高氯乳油 2 000 倍液、或用 3% 啶虫脒乳油 1 500 倍液、或用 50% 抗蚜威可湿性粉剂 2 000 倍液、或用 50% 抗蚜威可湿性粉剂 2 000 倍液。

三、桑褶翅尺蛾

1. 形态与为害

桑褶翅尺蛾属鳞翅目尺蛾科害虫，黄淮流域 1 年发生 1 代，以蛹在树干基部地表下数厘米处贴于树皮上的茧内越冬，翌年 3 月中旬开始陆续羽化。成虫白天潜伏于隐蔽处，夜晚活动，有假死习性，受惊后即落地，卵产于枝干上，4 月初开始孵化，以幼虫食害叶片，各龄幼虫均有吐丝下垂习性，受惊后或虫口密度大、食量不足时，即吐丝下垂随风飘扬，或转至其他寄主为害（图 10-15）。

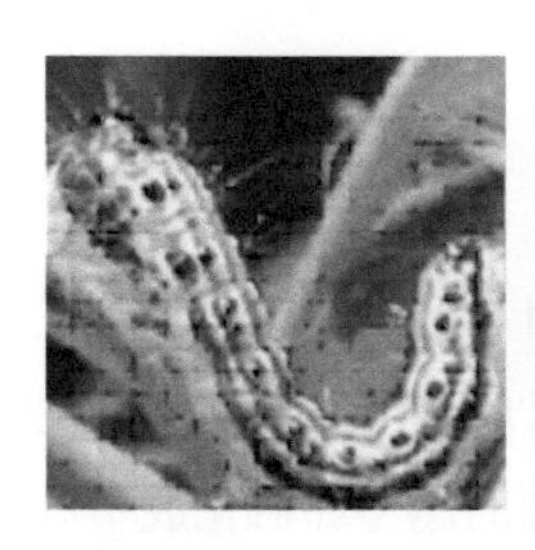 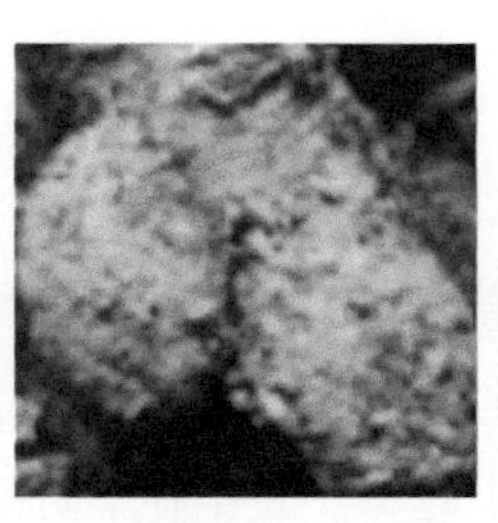 

图 10-15 桑褶翅尺蛾形态特征

2. 防治措施

（1）农业防治。① 针对该虫以蛹在树干基部地表下数厘米处贴于树皮上的茧内越冬，做好树干基部涂白涂药防治越冬。② 利用成虫夜晚活动，幼虫具有有假死习性且受惊后即落地，可设置黑光灯 - 糖醋液诱杀，摇树震落幼虫地面扑杀。③ 利用老熟幼虫爬到树干基部寻找化蛹处吐丝作茧化蛹，越夏、越冬。

各龄幼虫均有吐丝下垂习性，受惊后或虫口密度大、食量不足时，即吐丝下垂随风飘扬，或转至其他寄主为害等特点，采取相应措施消灭。④ 对发生虫害较重的园内，可于秋末中耕消灭越冬虫蛹，清除树下、寄主附近杂草，并加以烧毁，以消灭其上幼虫或卵等。

（2）药剂防治。用苏云金杆菌或 1 亿 ~2 亿青虫菌乳剂；每克菌粉含 100 亿孢子的白僵菌粉剂或 1mL 含 1 亿孢子的白僵菌液；也可喷施 5.7% 氟氯氰菊酯乳油 1 500~2 500 倍液、或用 2.5% 高效氟氯氰菊酯乳油 2 000~3 000 倍液、或用 20% 甲氰菊酯乳油 2 000~3 000 倍液、或用 10% 联苯菊酯乳油 3 000~4 000 倍液、或用 30% 乙酰甲胺磷乳油 1 000~1 500 倍液、或用 50% 杀螟硫磷乳油 1 000~2 000 倍液等，均有很好防效。

四、樱桃螨虫

1. 形态与为害

为害樱桃的螨虫主要有二斑叶螨（又名棉红蜘蛛、普通叶螨）和山楂叶螨，均属蜱螨目，叶螨科，在全国各地均有分布。以成虫、若虫吸食芽、花蕾及叶片汁液，严重受害后花、花蕾变黑不能开花而干枯，芽不能萌发而死亡。叶螨在叶片背面主脉两侧吐丝结网，在网下停息、产卵和为害，使叶片出现很多失绿的小斑点，随后斑点扩大连片，变成苍白色，受害叶细胞组织死后干枯似火烧状，严重时叶片焦黄脱落（图 10-16、图 10-17）。

图 10-16　红蜘蛛为害叶片症状

图 10-17　红蜘蛛为害叶片背面症状

2. 防治措施

参见桃树、苹果树红蜘蛛防治措施；或在若虫活动期，喷 20% 哒螨灵 1 000~1 500 倍液或 1.0% 阿维虫清乳剂 4 000 倍液防治；或阿维菌素、唑螨酯、乙螨唑稀释 2 000~3 000 倍液，均匀喷雾。扫螨挣 2 000 倍液防治，均有较好效果。

参考文献

封洪强等 . 2015. 果树病虫草害原色图解 [M]. 北京：中国农业科学技术出版社, 10.

刘俊田，张金华 .2014. 植保实用技术手册 [M]. 北京：中国农业科学技术出版社, 6.

孙廷，关金菊，钟华义 .2015. 果树规模栽培与病虫害防治 [M]. 北京：中国农业科学技术出版社, 8.

王江柱，仇贵生 . 2014. 苹果病虫害诊断与防治 [M]. 北京：化学工业出版社，1.

王运兵，张伟兴，王春虎 .2015. 草坪化学除草 [M]. 北京：中国农业科学技术出版社，8.

杨洪强 . 2003. 绿色无公害果品生产全编 [M]. 北京：中国农业出版社，8.

张强 . 2001. 杂草学 [M]. 北京：中国农业出版社，5.